不要再

最想

「兔兔祕密」

Chanter Animal Clinic 寺尾順子 監修
井口醫院 插圖
黃筱涵 譯

楓葉社

大家好，我們是兔子

很多人都說看不出來兔子在想些什麼，但是……
我們其實是用盡全身在表達情緒喔！
啪啪
好放鬆～
啪噠
跳——
我們會對心愛的飼主撒撒嬌，
有時也會恣意妄為……
夠了放開我！
抗拒
請接納我的全部吧。

兔子天生
警戒心很強烈，
喀噠
震
不舒服時
也不會表現出來，
所以請多多關心我吧。
我們想要
健康長壽的話，
飼主的關愛
是不可或缺的。
這輩子
就麻煩你了。

Contents

part 1 兔子的身體

part 2

兔子心

挖掘
挖掘
唰——
挖掘
挖掘

Fight!
咻！

part 3 和兔子的生活

part 4

和兔子的相處

P.12開始的本書閱讀方式

對話框

飼主的疑問

家兔是什麼樣的動物呢？

標題

兔子心解析

家兔的祖先是穴兔

part 1

兔子的身體

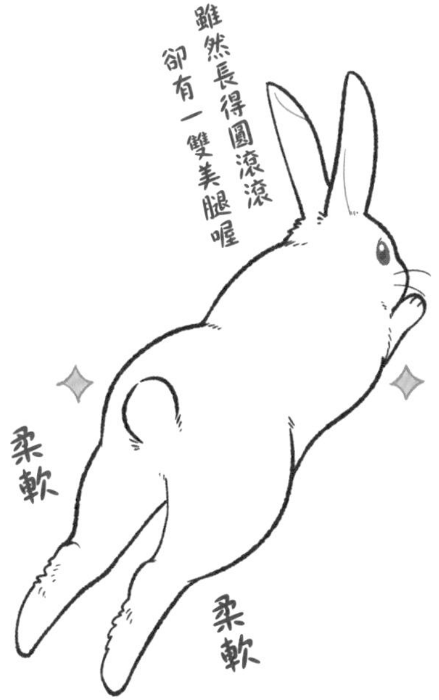
雖然長得圓滾滾
卻有一雙美腿喔
柔軟
柔軟

家兔是什麼樣的動物呢？

家兔的祖先是穴兔

認識家兔的習性整頓出適當環境

家兔有挖地板的習慣，也喜歡鑽進隧道玩，據說這樣的偏好正是源自於牠們的祖先「穴兔」。穴兔會挖掘地道當作巢穴（warren），而家兔也保留了這樣的習性。

自然界當中，有許多肉食動物都是穴兔的天敵，因此牠們的警戒心基本上都很強烈。寵物兔裡當然也有缺乏警戒心的類型，但若是發出劇烈的噪音，或是突然朝牠們伸手時，牠們都會本能地感到恐懼，可能會快速竄逃，甚至緊張地張口就咬。

穴兔是有著階級關係的群居動

物，各有各的地盤範圍，因此家兔也會在家中四處沾染氣味，劃定地盤，例如用下巴磨蹭家具。此外，家兔繁衍子孫的本能很強，所以發情時會做出交配動作，或是出現假性懷孕等問題，建議飼主考慮為愛兔結紮，預防生殖器相關疾病（參照111頁）。

此外，家兔也有啃咬草莖或樹皮的習性，所以飼養前必須做好防止愛兔亂咬的萬全措施。另外也要記得，就算牠們成為寵物，仍然屬於草食性動物，所以應該以牧草為主食，確保健康。

兔子一整天
都在做什麼？

天色昏暗時特別有精神

請在兔兔精神好時整理與運動

兔子屬於在傍晚與早晨最有精神的「曙暮性」動物，所以會在日落時醒來，主要活動時間在夜晚。野兔通常會在這個時間離開巢穴到地面吃草，家兔則變得精神奕奕，表現出「我要吃飯！」「陪我玩！」的意圖。

家兔會像這樣進入夜間的活動時間，開始大口進食、到處巡視象徵地盤的氣味，精神十足地四處亂逛。無論是一起在家中到處玩耍的「家中散步」或是其他整理工作，都建議在這個時段執行。

由於昏暗的凌晨比較少天敵出

傍晚～夜間～黎明

沒，對野兔來說正是絕佳的活動時間，因此家兔早上也會開始吵鬧，過了這個時段就會慢慢睡著。

野兔白天時都會躲在巢穴中睡覺，有時會醒來抓幾把牧草吃，但是基本上都昏昏沉沉地維持讓身體休息的狀態。

以上就是兔子一整天的行程，但牠們是適應能力很高的動物，只要有固定的整理與遊戲時間，在一定程度下仍可配合飼主的作息，不必強迫自己跟著兔子熬夜。只要遵守「家中行程」，飼主就能夠與兔子一起快樂生活。

圓滾滾的眼睛
都盯著什麼看？

雙眼能夠
洞悉世間萬物

視角幾近360度！
不用轉頭也能看見背後

兔子是許多肉食動物的獵物，必須及早察覺到天敵並迅速逃離才能夠保命，因此進化出符合如此需求的身體機能。

兔子擁有位在臉部兩側的大眼睛，無論天敵從哪個方向現身都能夠立刻發現。當天敵從背後接近兔子時，位在臉側的眼睛也能看見，否則要是像人類一樣，眼睛長在臉部的正面，不回頭就沒辦法看見背後的狀況了。

兔子除了看不見自己臉部正面與後腦杓之外，左右眼視野加起來的可見範圍接近三百六十度，而且眼睛的位置偏高，就算有天敵從頭頂接近也能夠迅速察覺。

但是，兔子同時以雙眼看見的視野很窄，因此立體感不佳，對於顏色的辨色能力，也只能辨別出藍色與綠色而已。

順道一提，雖然兔子的眼睛本來就比較突出，但是若突出幅度很大時，就可能是眼窩膿瘍等疾病的警訊。此外，若飼主發現有眼珠顏色白濁、眼屎或淚液分泌特別多的情況，就請儘早帶去看醫生吧。

兔子的耳朵為什麼這麼長？

長耳朵可不是裝飾品

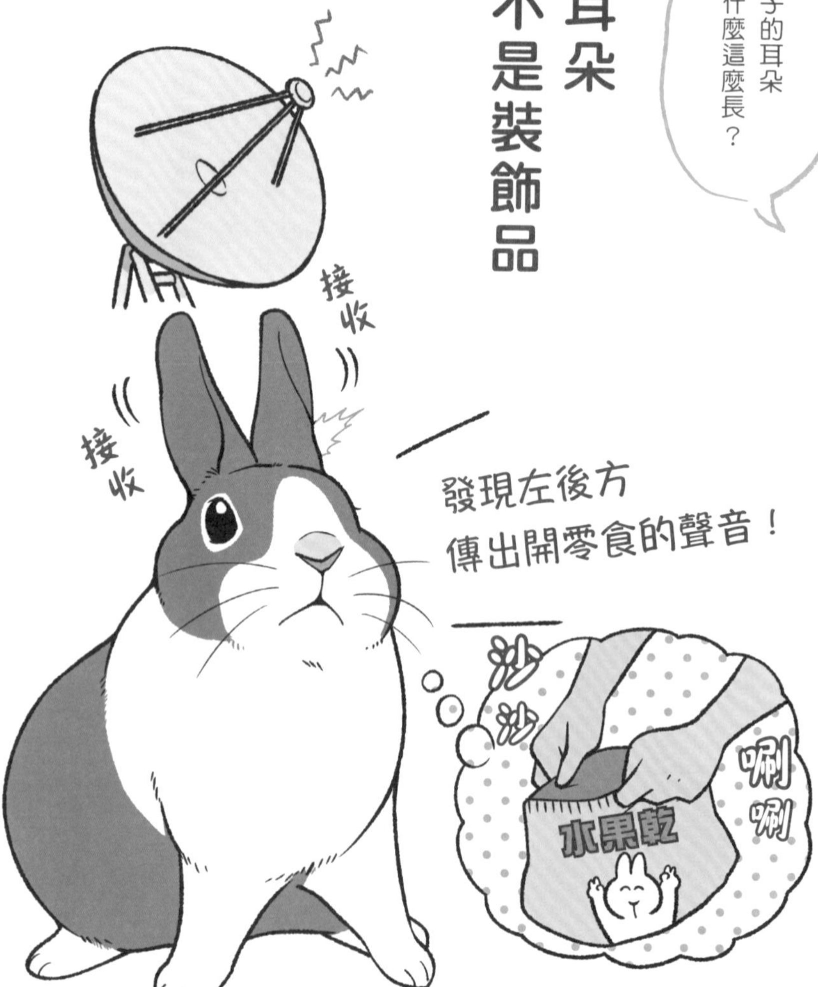
接收
接收
發現左後方
傳出開零食的聲音！
沙沙
唰唰
水果乾

任何聲音都不放過！超敏感的雷達

一般提到兔子，就會聯想到長長的耳朵對吧？這種又長又寬的耳朵，集音效果比小小的耳朵還要出色。兔子正是憑藉這對高機能的長耳朵，及早感知天敵的腳步聲。不僅如此，兔子的耳朵還能分別朝左或是朝右擺動，就像天線一樣捕捉四面八方的聲音。

兔子的聽覺相當優秀，能夠聽見人類聽不到的高頻段聲音，對聲音相當敏感，所以剛來到家裡的時候，任何一點風吹草動都會令兔子受到驚嚇。

雖然兔子熟悉環境後能夠適應日常的聲音，但是狗狗或烏鴉的叫聲、嘰嘰作響的高音、在兔子界屬於警告的跺腳聲（參照50頁）等，都會使兔子本能地感到緊張。

此外，兔子的耳朵還具有調節體溫的機能。氣溫炎熱時，血液會集中在耳朵，增加與外界空氣的接觸，達到散熱的效果；寒冷時，就會垂下耳朵，避免體溫流失。

兔子的耳朵又薄又敏感，所以千萬不可以拎著牠們的耳朵！另外飼主也要注意，垂耳兔種容易堆積耳垢，所以必須時不時檢查牠們的耳朵。

兔子能夠辨別
多少種氣味呢？

我們可是聞得出很豐富的氣味情報

透過氣味 解讀各式各樣的資訊

據說兔子的嗅覺比人類優秀十倍，能夠嗅到天敵接近、好吃的草在哪裡，甚至是具繁殖能力的異性的位置等。

野兔即便是在昏暗的光線中活動，也能夠靜悄悄地，不發出半點聲音，所以對牠們來說，嗅覺可是比視覺和聽覺更加重要。氣味能夠傳達資訊，在兔子之間也是特別重要的交流方式。

兔子初次見到物品或對象時，會先嗅聞確認，據說兔子之間光憑氣味就能夠分辨性別、年齡與健康狀態，有些雄兔還會噴尿在喜歡的雌兔身上！

兔子也會藉由下巴腺，留下氣味占領地盤，所以用下巴磨蹭家具等的行為，其實是很重要的占地盤儀式。

除此之外，尿液、沾到肛門腺氣味的糞便也都是兔子占地盤的手段，因此多兔家庭裡的兔子成員有時為了搶地盤，會做出到處噴尿、排便的行為。

雖然打掃起來很麻煩，但還是請飼主體諒兔子們的心情，睜一隻眼閉一隻眼吧。

這樣有助於維持牙齒健康

小小的嘴巴
總是在進食呢。

咀嚼牧草有益腸胃與牙齒健康

兔子的牙齒屬於常生齒，一生都會持續生長，實際程度依個體而異，但是一年大約會長十二公分，因此必須咀嚼硬質或是高纖維質的食物磨牙。兔子總是咀嚼牧草，不僅是為了填飽肚子，也是為了幫助磨牙。

兔子總共有二十八顆牙齒，其中可以從正面看見的門齒（切齒）只有四顆，但是其實總共有六顆，其中有兩顆小小的牙齒重疊在門齒後面。這個特徵讓兔子獨立為兔形目，而非囓齒目。

兔子的味覺比人類發達，據說

兔齒構造

臼齒
第二組門齒
門齒
這裡考試會出喔
好的～

可以判斷多達八千種滋味，甚至有飼主表示：「一旦餵食有機蔬菜，就不願意再吃平常吃的蔬菜了！」有時就算是吃慣的飼料，也可能因為生產時期的差異，讓兔子突然就不願意吃了。

「我只吃這個！」當兔子對食物特別講究時，要是不能及時備妥這種食物，很有可能會造成致命的危機。所以必須讓兔子從小多嘗試各種滋味，增加牠們能夠接受的食物範圍。

兔子的腿很長耶！

可以用來跳躍或挖洞喔

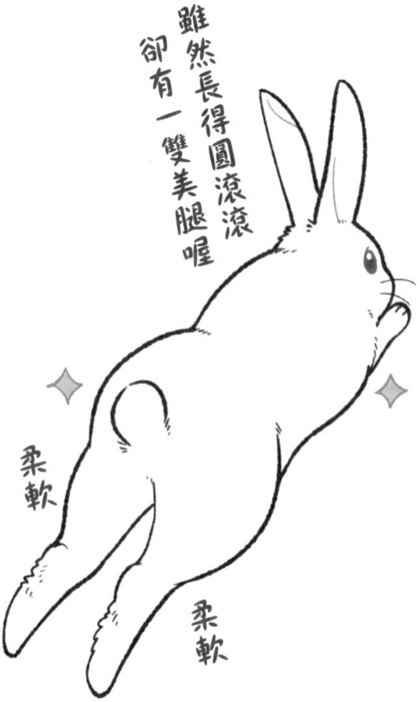
雖然長得圓滾滾
卻有一雙美腿喔
柔軟
柔軟

幫助雙腿運作的腳掌毛

不經意看見兔子伸長雙腿休息時的模樣，很多人都會因為兔子的腿出乎意料長而嚇一跳。

這雙又長又大的後腿是兔子的彈簧，所以身長約五十到六十公分的兔子，若做好準備，可以用跳的跨越一公尺高的障礙物。而且兔子的後腿肌肉發達，跑步速度也不容小覷，而又短又小的前腳則適合用來挖土。

兔子的腳掌完全被毛覆蓋，沒有肉墊，因此由被毛實現緩衝的功能，吸收跳躍時的衝擊力。此外，兔子的腳掌毛會像刷子般豎起，是

兔子的骨骼

這裡考試也會出喔～
原來尾巴也有骨頭耶！
腿骨好長～！

有助於抓住地面的優秀構造，不僅能夠使兔子跑起來更加順暢，走在雪地上可以防滑，走在岩石路則有保護腳掌的功能。

然而養在家中的兔子，若是長時間坐在堅硬地板上，或是只在會滑的木質地板上活動時，可能會引發足底皮膚炎（飛節痛），腳掌毛會變得光禿禿的。

另一個造成這類疾病的原因，是肥胖對腳掌造成負擔。此外，有些孩子天生腳掌毛稀疏，特別容易罹患足底皮膚炎。所以請飼主將居住環境與運動量納入考量，經常檢查兔子的腳底狀況。

兔子的毛
好柔軟蓬鬆喔！

這可是我們自豪的服裝

隨著季節遞嬗 兔兔也會更衣

兔子毛的手感很棒，讓人忍不住想一直撫摸、一直搓揉下去。不過兔子毛除了摸起來舒服外，其實還有保暖功能。

兔子毛屬於雙層構造，披毛會覆蓋在底毛外側，避免體溫流失，保持身體溫暖。兔子也會依照氣溫變化換毛，冬天時底毛會更加濃密以提高保溫效果，冬天時則會降低底毛密度避免熱氣悶在體內，和人類一樣會換季呢！

家兔生活在有空調的環境時，會經歷更多次的換毛期，甚至也可能反過來延長換毛的時期。換毛會消耗兔子的體力，大量吞下脫落的被毛時，也會增加毛球症的風險。所以日常請透過時不時的換氣，讓兔子感受到季節變化，維持自然的換毛規律。

「超喜歡我家孩子的圍巾（頸部的肉垂）！」相信這是很多雌兔飼主的心聲吧？但實際上，正常的雌兔，除非是生產前需要囤積脂肪，否則不會出現肉垂，萬一沒有生產需求仍掛著肉垂時，就可能需要減肥了！所以請找熟悉的醫生商量看看吧。

兔子真的會吃大便嗎？

糞便是重要的營養來源喔

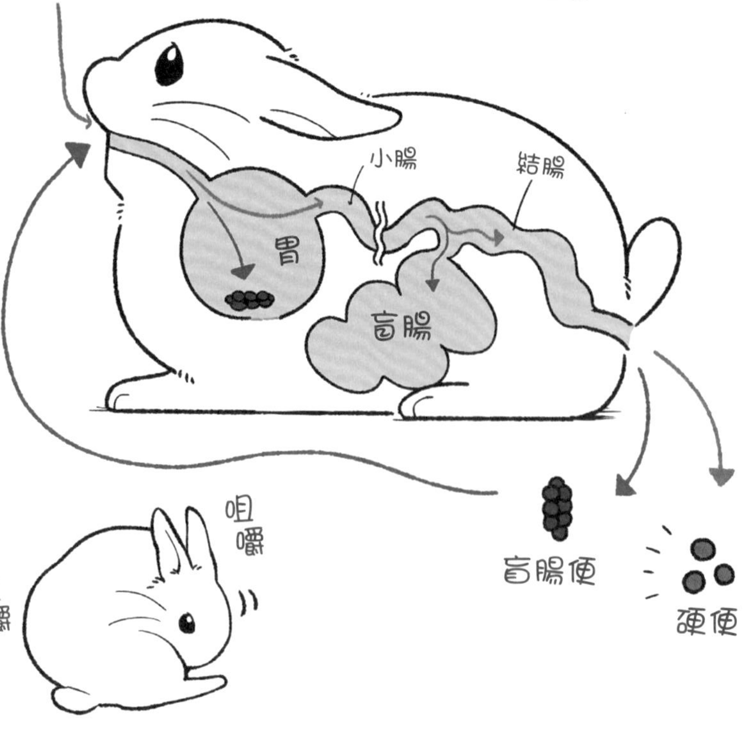

盲腸便就像兔子的健康食品！

兔子會排出兩種糞便，第一種是硬質圓形的正常糞便，也就是一般通稱的硬便。

第二種則是柔軟的盲腸便，這種糞便會像葡萄串一樣，多顆黏在一起排出。通常剛排到肛門口時，兔子就會直接吃掉了，所以不太有機會看見。

兔子吃進的食物經過食道、胃與小腸後，會在尺寸大約有胃部十倍長的盲腸中發酵。食物所含的纖維質經過腸道細菌分解之後，還可以消化的營養會變成好吸收的盲腸便，消化不了的纖維則會化為硬便排出。

而盲腸當中富含維生素與蛋白質，對兔子來說是種健康食品，因此牠們會吃掉盲腸便，讓腸胃再度吸收這些營養，所以請放下「兔子吃糞便好髒！」這種成見吧。

有時兔子也會吃掉硬便，如果偶爾為之的話還不算異常，但如果太過頻繁，很有可能是體內纖維質不足。若是飼主發現兔子不吃盲腸便時，則可能是盲腸內部環境惡化（＝壞菌增加），這時請務必重新審視餵食菜單。

認識兔子的品種！

人氣品種介紹

立耳、垂耳、短毛、長毛……
兔子的品種五花八門，各有各的魅力。
目前ARBA※已經登錄的純種兔有49種※，
這邊要挑出在日本最受歡迎的6個品種做介紹！

※世界規模最大的兔子協會「美國家兔育種協會」。
※截至2017年7月。

荷蘭垂耳兔

身長　約35cm
體重　約1.3～1.8kg

垂耳兔中最小型的品種，個性穩定親人，是很好飼養的品種。平常會倒地熟睡或是跟著飼主跑來跑去，可愛的模樣很受歡迎。

警戒心0!?

有些孩子的耳朵會稍微立起

荷蘭侏儒兔

身長　約25cm
體重　約0.8～1.3kg

日本市面上純種兔中最小的一種，袖珍可愛的外型非常受歡迎！個性活潑倔強，雖然有時必須花更多時間適應環境，但是熟悉後就對飼主很專情。

用脫落的毛
編出帽子了

最喜歡搗蛋♡

感情很好～

澤西長毛兔

身長　約25cm
體重　約1.3～1.6kg

體型小且圓滾滾，擁有渾身蓬鬆的毛，是非常受歡迎的可愛兔種。毛質不易打結，所以打理起來比較簡單。個性一般穩重，很適合長毛兔新手飼養。

海棠兔

身長　約25cm
體重　約1.0～1.3kg

眼睛邊緣的帶狀花紋，簡直就像畫了眼線一樣。好奇心旺盛且大膽，適合想和兔子一起玩的飼主！

長毛垂耳兔

身長　約35cm
體重　約1.4～1.8kg

毛茸茸的輪廓，搭配可愛垂耳的長毛兔，好奇心旺盛且親人。但是毛質柔軟，容易打結，適合願意花時間打理的飼主。

迷你雷克斯兔

身長　約35cm
體重　約1.6～2.0kg

特徵是天鵝絨般充滿光澤的被毛，密實的軟毛摸起來超舒服，絕對讓人愛不釋手！個性穩重且親人。

表情

很多人以為，兔子是沒有表情的動物。
但是兔子張開嘴，就會變成燦爛笑容！
微笑！
打呵欠時，又好像在生氣。
哈〜〜
由下往上看時，又覺得牠們鄙視著人類……
呵
慢著，這是真的在鄙視我吧!?

注意高處

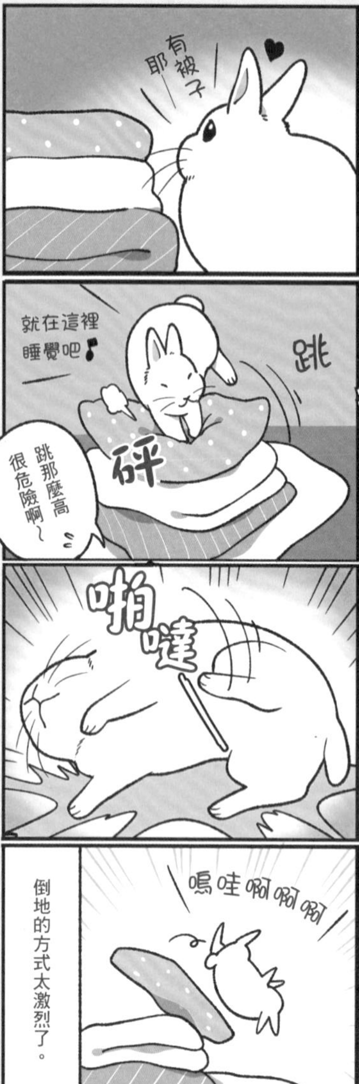
有被子耶
就在這裡睡覺吧♪
跳
砰
跳那麼高很危險啊〜
啪噠
嗚哇啊啊啊
倒地的方式太激烈了。

part 2 兔子心

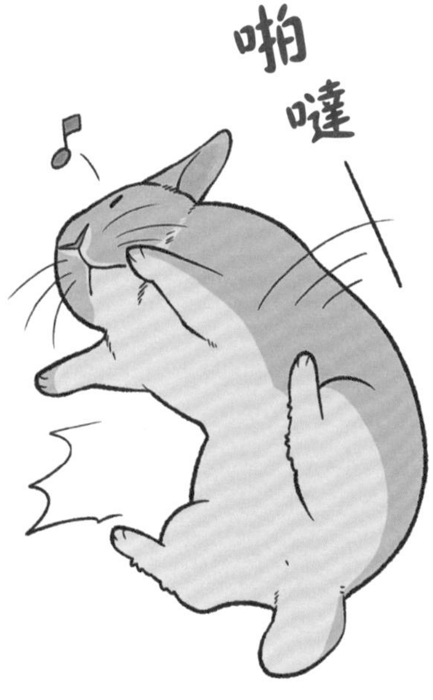

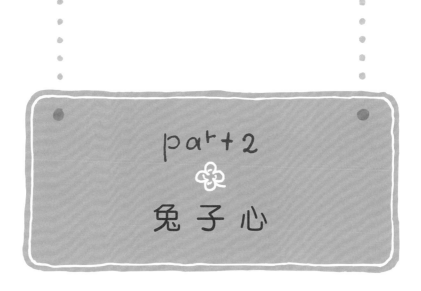

兔子會怎麼表現出情緒呢？

我們有很多表達心情的方式

表情與行為舉止的表達或許與人類相同

「我想更了解孩子在想什麼！」當你內心湧現如此渴望時，不妨就仔細觀察愛兔吧。

首先是表情。很多人都以為兔子面無表情，但是只要在日常生活中多加留意觀察，其實就能感受到兔子的表情變化，並從中解讀出許多情緒，像是「眼神閃亮亮的，好像很開心！」、「好像一臉嚴肅的，是在生氣嗎？」、「看起來很沮喪，沒什麼精神呢……」。

接下來是舉止。兔子開心的時候，會小跳步般地跳躍；煩躁時，腳步會沉重得好像每走一步就在跺

腳；緊張時，則會不斷洗臉放鬆心情……，許多情緒展現都讓人備感親切，不由自主想著：「人類也會這樣呢！」

最後來看行為。除了啃咬、挖掘、嗅聞等自古流傳下來的野生習性之外，兔子演變成家兔後，其實也多了寵物特有的習性。如果兔子與飼主之間關係密切，就會出現許多表現親密的行為，例如催促飼主撫摸，或是跟前跟後等等。只要飼主經常正視兔子的表現，思索「這個行為代表什麼意思？」、「想對我說什麼呢？」相信與愛兔就能夠益發心意相通了。

可以與兔子四目相交嗎？

我們的眼睛就像嘴巴一樣善於表達

眼睛能夠訴說情緒與身體狀況

如前一節所描述，飼主可以透過兔子的表情解讀牠們的情緒，其中眼睛更是情緒最為豐富的部位。在兔子「得到美食很開心」、「找飼主玩卻不被理會，鬧起脾氣」、「梳毛方式不佳而氣惱時」等情況下，多關注牠們的眼神，就能夠更加理解兔子的情緒了。

相對地，想要讓兔子理解自己情緒時，眼對眼的四目相交同樣非常重要。所以不管是訓斥還是稱讚時，飼主都必須看著兔子的雙眼才行喔。像是「不可以搗蛋！」、「過來這邊」等指令，或許都得透過與兔子的四目相交，才能夠順利傳達出去呢。

兔子的雙眼同樣能夠表現身體狀況，因為健康的兔子雙眼會炯炯有神，當牠們眼底缺乏神采時，就有可能是不舒服了。

順道一提，雖然有時兔子會翻白眼，但是一般只會出現在驚嚇或興奮的時候，因為瞪大雙眼才露出眼白。如果發現單眼腫起，或是經常露出眼白等現象，就有可能是眼裡蓄膿等疾病的警訊，請儘快帶到醫院檢查。

兔子的左右耳可以分別擺動？

我們會將耳朵朝向留神的方向

豎起、壓低、擺動……兔耳朵可是很忙的

若是發出吸引兔子注意力的聲音，兔子的耳朵會豎直，並朝向聲音的來源。如果只有一種聲音，兔子會雙耳都朝向同一個方向；警戒時，則會像天線一樣左右耳分別朝向不同的方位，探知周遭的情況。即便是垂耳兔，也會為了聽清楚聲音而抬起耳根。

如果飼主在這個時候觸碰兔子的話，牠們會表現一副「我正在聽重要的聲音，別吵我！」的模樣，從飼主手下迅速逃走。所以下次看見兔子動著耳朵時，請避免觸碰牠們的耳朵吧。

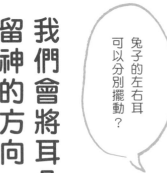

當兔子壓低耳朵，慵懶地伸展身體時，或是看起來迷迷糊糊，彷彿放空發呆的模樣，就代表牠們現在的心情相當放鬆。不過，這可不代表壓低耳朵就是牠們處於「低警戒程度」狀態的指標。

野兔藏在草叢裡躲避天敵時，也會壓低耳朵，避免被發現。所以當兔子壓低耳朵與身體，或是渾身緊繃時，其實代表牠們非常緊張。膽小的孩子在準備攻擊時，也可能壓低耳朵衝過來，所以不能光看耳朵確認兔子的情緒，必須搭配姿勢與眼神等其他的因素才行。

兔子的鼻子
總是不停地嗅著？

嗅聞氣味可是每天的例行公事

從鼻子也可以看出兔子有多放鬆

兔子擁有優秀的嗅覺，能夠從氣味當中解讀出許多資訊（參照20頁），因此當牠們清醒時，會一直動著鼻子到處嗅聞。

兔子不時嗅聞的習慣，是為了有美食時能夠立刻去吃、有天敵接近時能夠立刻逃走，或者是有誰入侵自己地盤時能夠馬上去咬對方！另一方面，也是為了萬一聞到完美異性的氣味時，能夠第一個衝過去求愛！

對兔子來說，嗅聞可是生存必需的例行工作，有助於保命、繁殖與覓食。

當兔子對周遭保持警戒，或是聞到喜歡的味道時，都會因為集中精神，專注地嗅聞氣味的關係，而不停地快速運動著鼻子。所以當飼主看到兔子努力嗅聞的時候，請別打擾牠們吧。

可是發現兔子的鼻子運動速度比較慢時，可能是聞到沒必要特別留意的氣味，所以情緒相當放鬆。有時候鼻子運動的速度還會愈來愈慢，慢到停下來的時候……這就代表牠們睡著了，不過等兔子醒來後又會開始動起鼻子。

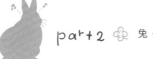

兔子不會叫嗎？

我們會用鼻子哼叫聊天？

憤怒、愛意與恐懼……都會用「鼻哼」表現出來

兔子的聲音是從鼻腔裡發出聲的。牠們不像貓狗會用「叫聲」表現情緒或是與飼主交流，而是在情緒高漲時，自然而然地以「鼻腔」發出聲音。有些孩子會經常以鼻腔「聊天」，有些則幾乎不出聲。因此兔子的「鼻哼」，或許也能表現出個別的性格。

當兔子發出強烈的「噗！」、「噗～！」聲音時，代表牠們很生氣。有時牠們可能會一邊大聲發出「噗～」的聲音，一邊使出兔拳或是張口啃咬。

撫摸兔子時，若牠們發出柔順

的「嗚嗚」聲，就代表正在向飼主撒嬌：「飼主陪我玩，好開心喔！」更深愛飼主的兔子，可能會發情、亢奮，抱著飼主邊發出低沉的「咕咕」一聲，就像雄兔在發情時對母兔求愛一樣。

而當兔子感到極度的恐懼，或是承受強烈的疼痛時，可能會發出高頻的「吱吱」尖叫聲。

順道一提，若是兔子的鼻腔總是發出有如打鼾般的聲音時，代表可能有呼吸道方面的疾病，覺得不對勁時就請帶去檢查一下吧。

我們就算心情很好也會磨牙

這時候難道是在磨牙嗎？

磨牙可以分成開心與痛苦兩種情形

人類通常是處在極端的悔恨或憤怒時，不由自主磨起牙對吧？但是兔子的磨牙稍有不同。

兔子的磨牙分成兩種，第一種代表的是「開心」、「愉快」的心情。如果在撫摸兔子時，兔子滿臉放鬆地發出「喀哩喀哩、嘶哩嘶哩」這種輕柔的磨牙聲，就是心情很自在的證據。

第二種磨牙則是兔子承受「疼痛」、「抗拒」等情緒，正傾訴自己的痛苦與壓力。當兔子縮成一團、渾身緊繃地發出「喀哧喀哧、嘰哩嘰哩」這種強烈的磨牙聲，就代表

牠們身體正忍受著疼痛，請立刻帶去看診！

順帶一提，如果兔子是在飼主抱著或梳毛時發出強烈的磨牙聲，其實是在向飼主控訴：「我已經忍不下去了，拜託放過我吧！」這時請立刻放牠們一馬吧。

其他還有像是咬合不正（參照108頁）等情況，也可能造成磨牙的現象，所以若是飼主發現兔子經常清理嘴巴一帶，或是下巴總是被口水染得溼答答時，就得考慮是不是牙齒方面的疾病，建議儘快帶去醫院檢查。

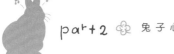

為什麼會突然逃走呢？

感知到危險就會全力衝刺！

害怕時的直覺反應就是先衝刺再說！

對於幾乎沒有攻擊能力的兔子來說，保命的最佳手段就是——逃跑，所以兔子感到恐懼的瞬間，就會反射性地逃離。這時牠們會以連滾帶爬的方式拚命衝刺，同時也會瞪大雙眼，露出緊張的表情。

比較膽小的孩子，就連聽到細微的聲響，或是飼主突然有所動作時，也會嚇得奔逃；過於恐慌時，甚至可能撞到牆壁而受傷。飼主要是慌張出聲或是追趕過去，反而會讓兔子更加害怕，所以請務必沉著應對吧。

兔子在玩耍的時候也會開心地

到處跑，這時雙眼會充滿神采，並輕輕甩著頭，好像在說：「我開心得不得了！」有時還會輕快地小跳步。若是飼主在這時候稱讚兔子：「好厲害喔！」說不定兔子會得意忘形起來，展現出超驚人的跳躍能力喔！

兔子開心奔跑時，自然就要讓牠們盡情地去跑。不過，若是牠們看起來過度興奮時，也要在途中適時制止，讓孩子稍微冷靜一點。

神氣！
噠噠噠
彈—跳
嗅嗅—
出現了——！
兔太選手的空翻跳躍！
稍微冷靜點吧
呼—呼—

跺腳的背後代表很多意思喔

警告、抗議還是吸引注意力？透過劇烈的聲音傳達主張

兔子用後腳用力拍打地板時，就是一般俗稱的「跺腳」。這本來就是兔子的警戒訊號，當野兔發現天敵來襲等危險情況時，會藉由跺腳的方式，警告身處附近或地下的同伴。

因此當兔子表情緊張，且身體緊繃地不斷跺腳時，請讓牠們獨處至解除警戒為止吧。

此外，家兔似乎也很常對飼主跺腳，像是希望飼主陪伴自己、想出籠子玩耍，或是嫌食物準備得太慢時，都會藉由跺腳的方式加以催促。當飼主咳嗽或打噴嚏時，牠們

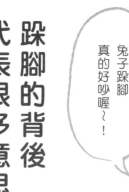

也可能藉由跺腳抗議：「我討厭這個聲音！」另外像是做出梳毛或抱住兔子等惹牠們不開心的舉動後，牠們也會藉跺腳表現不高興：「真的很煩！」

此外，有些孩子在玩得很亢奮時，也會跺跺腳，猶如高聲喊著「YEAH」。

跺腳聲聽久了可能會嫌煩，但這是兔子表現情緒的方法之一，所以建議將地板改為不容易發出聲響的地板材，透過這些方式，想辦法與兔子的跺腳和平共處吧。

牧草還沒來嗎—？
飼主
我回來了—
我說這次的草啊
香味也太淡了吧!!
砰
砰
砰
砰

兔子好愛挖地板喔？

挖地慾望就是停不下來

有時只是單純想挖 有時是為了發洩壓力！

家兔的祖先是穴兔，所以挖掘地板是牠們的本能行為。

「但是家裡地板又不是土壤，應該挖不出洞吧!?」各位或許會想這樣吐嘈，但是其實兔子是非常認真的。「我要挖洞囉～！」所以當兔子卯起來挖地板的時候，請別打擾牠們吧。

只不過，捲毛款式的地毯可能會勾住牠們的爪子，木質地板也可能會使牠們打滑失衡，進而造成危險，所以請為孩子們整頓出能夠安全挖掘的環境吧。

除此之外，兔子也會藉由挖地

有時會做出掩埋
巢穴入口的動作！
會把孩子藏在地洞裡
挖掘
挖掘
唰

板來發洩不滿或焦躁的情緒。當牠們聞到在意的氣味時，也會不斷挖著該處。有時兔子也會在梳毛時，挖著飼主的大腿，表示「都說了我不想梳！」的抗議心聲。當飼主回到家時，兔子也會執拗地嗅聞著，發現有不熟悉的氣味時也會開始抓飼主的衣服，並且對其他動物或兔子的氣味格外敏感。因此如果飼主去一趟寵物店，或許回到家時會得到愛兔挖掘攻擊&噴尿洗禮也不一定喔。「你這個不忠的傢伙！我得重新沾上自己的味道才行！」說不定兔子正是這麼想呢。

可別小看我們的攻擊力

被兔拳和兔踢攻擊，好痛喔！

憤怒！任性？沉著應對兔子的攻擊

為愛兔整理籠子的時候，兔子會使出兔拳，阻止地盤被入侵；給予零食的時候，可能也會使出兔拳毫不客氣地搶走；就算只是單純坐著，也會莫名接到一記兔拳：「走開啦！」兔子會以兩隻前腳用力地敲打地板，發出「砰砰」的聲響，有時候還會突然以鼻腔發出憤怒的「噗！」聲恫嚇——指望兔子安靜待著，根本就是癡人說夢（淚）。當然，也還是有不會做出上述行徑的穩重孩子……。

兔拳的威力出人意料，往往會痛得讓人不禁尖叫：「住手！」但還是請飼主忍住叫出聲的衝動，否則個性強硬的兔子會看不起主人，變得更具攻擊性，反而更加危險，所以請務必冷靜以對！

兔子的後腳很強壯，使出兔踢時造成的傷害就更痛了。兔踢通常會在被強行抱住，或是剪指甲等討厭的狀況時發生，完全展現出牠們很抗拒這些事情的心情。所以執行時，請想辦法給予安全感，讓兔子冷靜下來。同時也要磨練自己的技術，以便快速完成這些工作。

好不容易離開飼主的懷抱時，兔子會刻意踢著後腿跑掉，就像在埋怨：「真是倒霉！」這模樣其實相當可愛，所以請飼主別忘了讚美孩子一聲：「謝謝你的忍耐！」

兔子會像狗狗一樣
搖尾巴嗎？

有時候
也是會甩動尾巴

以上下擺動為主鮮少左右晃動!?

兔子不會像貓狗那樣頻繁地搖晃尾巴，所以飼主或許沒什麼機會親眼看到，不過當中也有經常搖尾巴的孩子。

舉例來說，兔子察覺在意的氣味而拚命嗅聞時，可能會一邊專注研究「氣味的來源」，一邊搖起尾巴。或是當牠們吃到最喜歡的零食時，也會搖著尾巴大快朵頤。有些孩子會快速小幅度地晃動尾巴，有些則是瞬間大幅度擺動一次而已；有些孩子在起跑前，或是在玩耍玩得很開心時也會搖尾巴。

野兔遭遇天敵逃跑的同時，會

抬起尾巴，露出裡面的白色部分。這是為了讓尾巴看起來更明顯，有警告同伴的作用。

因此當家兔處於緊張或警戒的狀態，或是強悍地做出威嚇的舉動時，也會抬起尾巴。平常處於放鬆狀態時，尾巴就不會出力，而是會軟軟地垂著。

除此之外，發情中的雄兔為了有效散發出鼠蹊腺的氣味，也會刻意抬起或晃動尾巴，向雌兔宣示自己的存在。另外，兔子在小便時也會抬起尾巴喔。

兔子站起來時
都在看什麼？

肯定是有吸引我們注意的事物

專注望著遠方 努力蒐集資訊

「聽見了陌生的聲音！」
「聞到很在意的氣味！」

由於野兔住在雜草叢生的環境裡，遇到這些情況時必須以後腳站立，才能夠獲得開闊的視野。有些家兔還會特別爬到高處（例如窩上或飼主的腹部等）站立，一邊看著吸引注意力的方向，一邊將耳朵轉過去接收聲響，同時以鼻子嗅聞，活用各種方式蒐集資訊。

當牠們判斷出「危險迫近！」時，就會立刻往反方向逃跑；判斷「沒有危險」時，就會回到原本的姿勢。當然，如果判斷結論是「有好東西（像是美食）！」就會立刻跑過去了。

懵懵懂懂的幼兔，以及好奇心旺盛的孩子，會經常站起來探看。兔子的感官比人類靈敏，因此就連飼主沒注意到的細微聲響或氣味，也會引發牠們的反應。「我家孩子忽然盯著空無一人的方向看，難道是有鬼！」有些飼主可能經歷過這種令人毛骨悚然的情況，不過通常是兔子感知到隔壁房間或戶外的動靜，才會做出這樣的舉動，請別過分擔心！

我沒有看過
兔子閉眼睛的模樣？

我們會睜著眼睛睡覺喔

就算睡著了也要假裝「沒有在睡喔！」

睜著眼睛睡覺是兔子的習性。

野兔一天二十四小時都活在不知何時會有天敵入侵的緊張狀態，因此即便是睡覺時，也會想辦法假裝醒著，主張「我沒有睡喔～」。不僅如此，兔子基本上都很淺眠，只要稍有動靜就會立刻醒來。

但是，兔子當然不是整天都睜大著雙眼，當牠們放鬆時，眼睛就會瞇細。

例如兔子非常想睡覺的時候，牠們就會瞇著雙眼，恍恍惚惚地進入夢鄉。有時彷彿像是和睡魔對抗一般，不斷眨著眼睛，一副「我不

這孩子總是睜著眼睛……
鼻子沒有在動，這個情況應該是睡著了吧……
ZZZ…
有兔子像你這樣睡嗎!?
不起來……！

會閉上眼睛……不會閉上……我絕對不會閉上～！」的模樣，最後還是不小心睡著，一陣子後才驚醒似地睜開雙眼，恢復原本的姿勢，真是非常嬌憨。雖然很想告訴愛兔：「這裡沒有天敵出沒，放心睡吧～」但畢竟是天生習性，飼主也實在無可奈何。既然有這些保持警戒的孩子，當然也有缺乏警戒心的孩子，會露出肚皮、倒下睡覺，甚至是緊閉雙眼熟睡。

順帶一提，當兔子不舒服時，也可能會瞇細雙眼，這時牠們眼神缺乏光彩，整天都縮成一團，不僅缺乏食慾，也會抗拒飼主的觸碰。發現這些症狀時，請立即帶去看醫生吧。

突然倒地，讓人懷疑是不是還活著？

我們會用睡相表現情緒

睡姿會隨著放鬆程度與氣溫高低而變化

兔子基本上都會坐著睡覺，躺下就代表牠們非常放鬆。而突然倒地更是超級放鬆的證據，這代表牠們判斷周遭沒有任何不安或需要警戒的要素，所以便愉快地決定倒地睡。有些孩子會進籠子後才躺下，有些則會直接啪地一聲就地倒下，無論是哪種情況都不需要擔心。可是，如果兔子搖搖晃晃地數度倒地，或是不斷繞圈的話，就代表情況相當緊急，因為很可能是斜頸症（參照110頁）造成的，請立刻帶去就診！

話說回來，為什麼兔子會坐著

睡覺呢？答案是——為了能夠在第一時間逃走。為了避免在天敵來襲時錯失逃跑機會，野兔會坐著睡覺，以利隨時邁開四足跑離現場，因此躺著睡覺或許可以說是寵物兔的特權呢。

兔子的睡姿也會隨著氣溫而改變，天氣熱時，牠們會伸展全身，讓腹部貼在地板上，野兔同樣也會藉冰涼的土壤冷卻身體。相反地，當天氣冷時，兔子會縮起身體，避免體溫流失。因此發現家裡的兔子整天縮成一團時，也可能是家中太冷的關係，這時候留意一下室溫吧（參照102頁）。

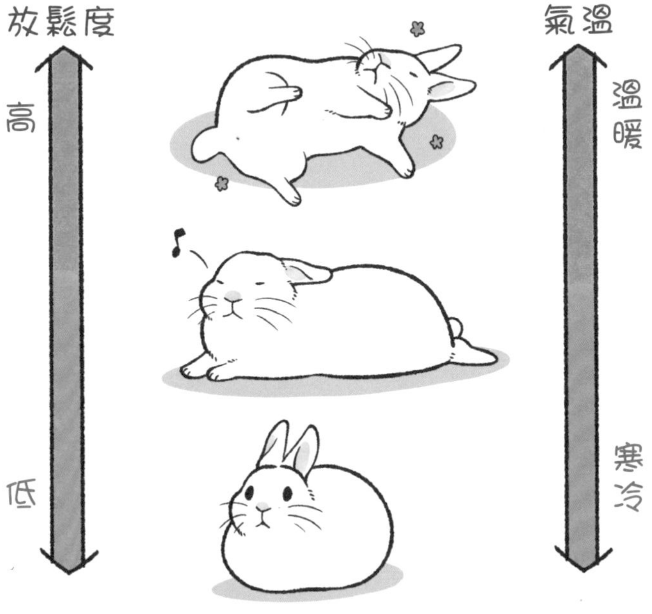

為什麼我家的孩子喜歡搗蛋呢？

因為啃咬是兔族的興趣

兔子什麼都咬 得從人類這方面著手！

兔子會啃咬硬物來幫助磨牙，藉此修整持續生長的牙齒（參照22頁），所以啃咬物體可說是兔子的一種本能。

有時兔子看到陌生的物體時，會透過啃咬確認能不能吃。一旦發現好咬的物品，不管是書、衣服、遙控器還是電線，都會當成磨牙用品努力地咬。咬到添加植物纖維的紙巾等，也有可能就直接吞進肚子裡了。

畢竟啃咬是兔子的本能，實在不可能藉由訓練制止這種行為。萬一咬到電線可能造成觸電，吃到觀賞植物可能導致中毒，所以讓兔子在家中散步的時候，必須將不想被咬的物品，以及咬了會危害安全的物品收拾好，並且擺在兔子咬不到的地方。

　針對壁紙與柱子等兔子容易啃咬的邊角，可以貼上防止貓抓的透明貼紙。至於難以挪到安全位置的電線或配線，則應該加裝電線保護管，或適用柵欄擋住，插頭也必須加蓋保護。

兔子很喜歡理毛耶！

因為我們非常愛乾淨

為了去除異味時常執行舔毛工作

兔子非常愛乾淨，總是舔遍全身，認真地清理自己。兔子會經常這麼做的一大原因，就是想要去除體味。畢竟對野兔來說，消除自己的體味能夠防範天敵追蹤，可說是活命的重要手段。

兔子幾乎沒有體味，如果覺得自家孩子有點臭時，通常是因為廁所打掃得不夠乾淨的緣故。此外，生病也會使兔子的耳朵散發臭味，所以一旦聞到異味時就必須特別留意自家孩子的健康狀況。

此外，當兔子進入換毛期時，掉毛量會大增，這段期間理毛往往

會吞進大量的被毛，容易引發毛球症，所以飼主必須確實做好幫兔子梳毛的工作。

當兔子為了撫平緊張或心理壓力，也會透過理毛的過程逐漸冷靜下來，這種行為就稱為替代行為。兔子到陌生地方或是剪完指甲後的洗臉動作，就具有這樣的功能。就像人類在緊張的時候，也會不由自主搔頭的習慣一樣。

如果發現兔子經常執拗地舔舐特定的部位時，可能是該處疼痛或發癢，請儘快帶去醫院看診吧。

為什麼兔子喜歡嘴裡塞滿牧草？
這是為了生產而做的準備

就算沒有懷孕也可能表現母性行為

看見兔子咬著大量牧草，分量多到從嘴巴滿出來，不斷地東張西望，接著又開始咬下自己胸口與腹部的毛時，相信飼主都會嚇一大跳吧！然後就會擔心起自家孩子到底怎麼了，對吧？

這其實是懷孕雌兔會做出的行為，雌兔會用草與自己的毛鋪成舒服的床，打造出產子用的巢穴（產室）。之所以會東張西望，是為了尋找適合產子的地點，當牠們決定好位置後，就會開始蒐集牧草與毛等築巢材料。

可是，就連沒交配過的兔子，其實也會出現這樣的行為。當雌兔聞到雄兔的味道，或是飼主撫摸雌兔臀部一帶的力道比較強時，都會造成雌兔發情排卵，身體誤以為自己「懷孕」（假性懷孕）的時候，就會發生這樣的情況。

有些兔子只要築巢一次後，就會結束假性懷孕的行為；但也有些孩子會反覆發生。飼主要是很快把兔子築好的巢收拾乾淨，牠們會慌慌張張地重新築巢，所以看見這樣的巢穴時，請先放置著直到兔子冷靜下來吧。

反覆發情會對兔子的身體造成負擔，所以除了平時避免對臀部造成強烈的刺激之外，飼主也應該考慮為兔子結紮。

抱著我的手臂
不斷擺腰，
該不會是在……！
正在發揮
雄性的本領！
擺動
擺動

不僅有助於繁殖
也是彰顯地位的行為

兔子有時會抱住飼主的腿或手臂擺晃起腰部，沒錯，這就是一種「跨騎」行為。有些孩子做完擺腰之後，還會和交配結束一樣，突然啪噠倒地。

最近人類因為廣泛飼養貓狗的關係，開始對「跨騎＝彰顯地位」這個觀念有所體認，兔子界也是如此。如果放任兔子這樣的行為不加制止，兔子就會愈來愈輕視飼主，所以飼主應該要立刻抽腿或抽出手臂，不讓兔子為所欲為，這才是最佳的應對方式。

不過，有時兔子是將擺腰行為

當成一種玩耍活動，所以也可以為牠們準備玩具，引導兔子以其他方式宣洩精力。若飼主沒辦法持續無視兔子的擺腰行為時，也可以準備替代用的玩偶；有時透過結紮也能稍微減少這種行為。

會抱著飼主擺腰的幾乎都是雄兔，但是有些雌兔也會。有些兔子甚至會從前方跨騎同伴，甚至是對著頭部擺腰！

此外，兩隻雄兔相遇時，也可能會藉由跨騎的動作，就優先順序展開競爭。看來兔子界的地位爭霸戰也是相當激烈呢！

接近兔子時，兔子低下頭是在打招呼嗎？

這是希望你摸摸我們的頭

輕輕低頭是討摸摸的請求

兔子非常喜歡被撫摸，尤其摸頭對牠們來說，更是格外舒服的待遇，所以牠們會低下頭，催促飼主撫摸。因此當飼主看到自家愛兔擺出「討摸姿勢」時，請盡量滿足牠們的需求吧。

其中有些傻孩子，還會靜悄悄地待在平常飼主摸頭的地點，靜靜地低頭等待著：「主人還沒有要來摸頭嗎？」

有些孩子則會積極表達主張，像是強硬地以頭頂著飼主的手掌，表達「現在！快點！摸我的頭！」的強烈意願；有時則會透過舔舐，

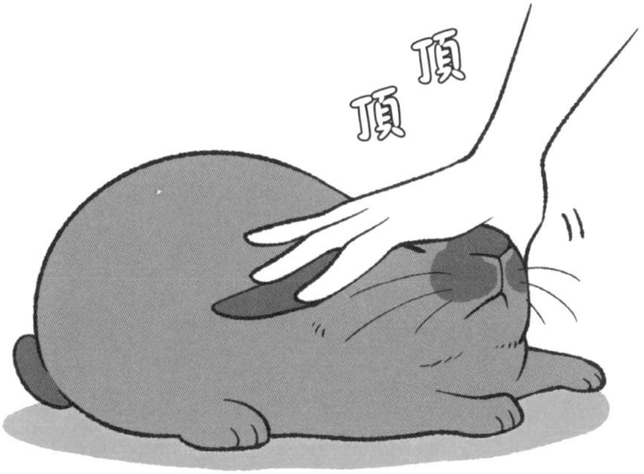

或是扒抓飼主的手來表示。有些孩子不達到目的就不罷休，這時還請飼主暫時放下手邊的工作，先陪陪自家的愛兔吧！

此外，兔子之間會透過理毛表示地位位階，負責理毛的兔子地位較高，地位較低的兔子則會以服從的姿勢接受理毛。有些兔子會因為輕視飼主，而展現愈來愈嚴重的攻擊性，這時飼主不妨從後方抱住兔子，並將下巴擱在兔子的頭上，藉由兔子界表現優越地位的方式，讓兔子知道自己才是飼主，說不定會收到不錯的效果。

兔子舔我，難道是對我表達牠的愛嗎？

我們舔人都是有意義的舉動喔

有時愛情的展現是透過舔舐來傳情達意!?

動物舔拭飼主這個舉動，最常見的解釋是「想要補充鹽分」；不過以兔子來說，有可能是想了解飼主手上沾染到的氣味。像是飼主手上散發出蔬菜或水果等的氣味時，就會讓牠們不由自主地想舔吧？如果飼主在這之前摸過異性兔子，那麼自家孩子可能會一臉陶醉地舔著，心想：「感覺散發出很美妙的費洛蒙～」

除此之外，兔子舔飼主的目的也有可能是想為飼主理毛。感情很好的兔子會幫彼此理毛，所以當兔子享受完飼主的撫摸之後，可能會作為回報而舔舔飼主。

有些兔子會以照顧的心態經常舔舐飼主，所以要將這個舉動視為「表達愛意」也不算錯誤。

當飼主停止撫摸兔子後，如果牠們馬上舔飼主的手，可能是在要求「再多摸摸我一點」；有時候則是透過舔舐，吸引飼主的注意力。

有些孩子被抱住時，會拚命舔著飼主，想試圖表達「拜託放過我～」的意思。

一直繞著我跑，到底要繞到什麼時候呢？

這可是兔兔界愛的8字跑法

期待與亢奮 令兔兔忍不住繞著跑！

「飼主回來了，好開心！陪我玩～！」「啊，好像帶了什麼好吃的東西回來了，哇～我要吃我要吃！」當兔子宛如畫出阿拉伯數字八一般地繞著飼主奔跑時，就代表牠們非常開心。

雄兔對雌兔求愛時，也會出現這樣繞圈奔跑的行為，所以這個舉動也可能代表兔子發情了。隨著亢奮程度提高，牠們可能還會出現跨騎動作。

此外，由於雄兔會對喜歡的雌兔灑尿作紀號，所以有時會在做出這類舉動的同時噴尿。因此當愛兔過於亢奮時，請先放回籠子裡，冷卻一下牠們的情緒吧。

愛撒嬌的孩子很喜歡跟飼主膩在一起，所以會近距離緊緊貼著飼主腳邊繞圈跑，請飼主小心別踩到牠們囉。

至於非常重視地盤的孩子，會在飼主踏進地盤時跑過來驅趕，有時還會搭配兔拳或啃咬。面對自家孩子這樣的舉動時，飼主若是一旦退卻，便會使牠們驅趕行為益發劇烈，因此請做好心理準備，以堅定的態度面對愛兔的攻擊。

前腳搭在我的大腿上，真是太可愛了！
這時陪我玩的話，我會很高興喔

悄悄低調現身究竟想表達什麼呢？

感覺有輕巧的重量壓在身上，仔細一看，原來是愛兔將前腳搭在自己的大腿或背上！好萌！可以的話，當然會希望愛兔維持這個狀態久一點，但是牠們通常很快就會收回腳了。

這是因為兔子只要稍微贏得飼主的注意力就滿足了，所以聽到飼主詢問：「怎麼了？有什麼事情嗎？」就會心滿意足地放下前腳。這種用前腳搭在飼主身上的行為，多半是因為飼主沉浸在划手機或閱讀裡，讓兔子覺得被冷落了。事實上，讓愛兔在家中四處散步時，像這樣不注意愛兔行蹤的行為其實是相當危險的，所以請感謝愛兔要求飼主關注的忠告吧。

雖然兔子並非時時刻刻都需要飼主陪伴，但是難免還是會有任性之處，希望飼主能夠繞著自己轉。明明當飼主積極展現想和愛兔一起玩的心情時，兔子都會逃之夭夭，可是當飼主注意力放在其他事物上時，卻又會跑來悄悄用前腳搭著飼主，這種傲嬌的個性非常有兔子的風格呢。

當全家人聚在一起聊天時，也有機會看見愛兔忽然闖進群體間，這時不妨就誇張地關注愛兔，哄牠開心吧。

這是希望你讓路喔

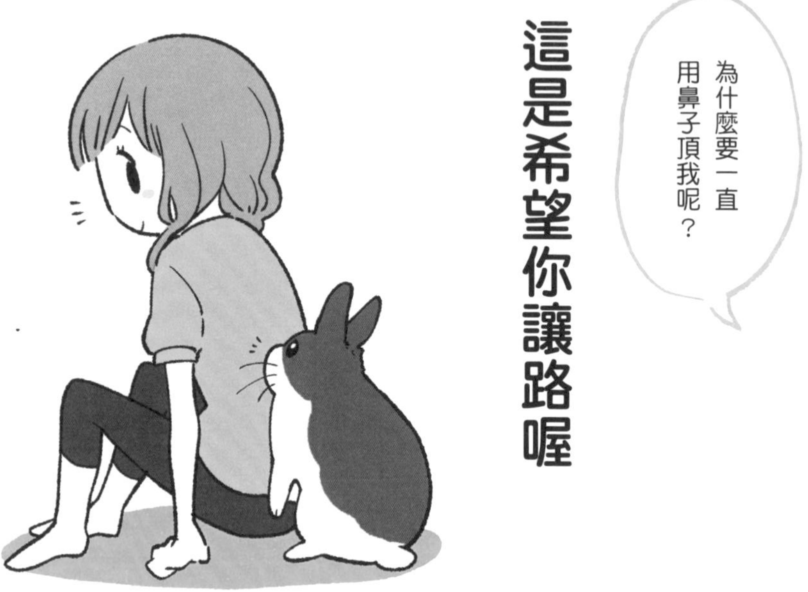
為什麼要一直
用鼻子頂我呢？

兔子會用鼻頭把擋路的東西通通頂開

如果說將前腳搭在飼主身上，是兔子比較低調的表達方式，那麼用鼻子頂飼主就是相當積極的方法了。兔子做出這種行為時，就是非常明確有事情想告訴飼主。

最常見的原因，不外乎飼主擋住了兔子的去路，或是坐在兔子特別喜歡的地方，所以藉由這個舉動請飼主讓開。如果只是用鼻子輕輕頂，代表兔子只是稍微要求；但若是頂得很用力的話，就代表兔子對此非常認真。

這時候看是要一邊笑著道歉：「好啦好啦，不好意思～」一邊讓

開路，還是強硬地要求愛兔讓步：「不要，你自己繞路啦！」全憑飼主個人決定，但是如果總是輕易地順從愛兔的要求，日後可能會遭愛兔輕視，必須特別留意。此外，有些孩子也會在討關注時，做出用鼻子頂飼主的舉動。

兔子不像人類用手一樣能夠自由地運用前腳，所以遇到礙事的物體時會用鼻子推開。如果飼主在撫摸到一半時，發現愛兔不斷用鼻子頂手，就代表牠正表達：「現在不要摸我！」

為什麼我家孩子會爬到我身上呢？

因為我很想要爬得高高的

和外表不相符？兔子其實挺喜歡高處！

當飼主躺在地板上時，兔子往往會跳到飼主的肚子或背上，這是因為牠們喜歡站在高處。牠們會藉由堆疊在地上的書本塔跳到電視櫃上，再進一步跳上架子，把家中的物品當成踏階一樣一層層往上跳，結果就從高處墜落受傷，所以飼主必須特別留意。

如果是在天空飛翔的鳥兒，相信大家都不難明白牠們喜歡高處的緣由。但是祖先可是在地底下挖穴居住的兔子，為什麼也會喜歡高處呢？想來似乎覺得這個習性很不可思議吧？其實，野兔在生活中

跳上跳下的需求，遠比我們以為得還要多，例如從地下巢穴跳到地面、跳到略高的山丘巡視是否有天敵來襲等等。所以請在愛兔的散步空間內，盡量擺設踏台或是椅墊，讓愛兔能夠自由地跳上跳下，只要將高度控制在即使墜落也不會受傷的程度即可。

出現會引起兔子注意的不明聲響時，為了能夠看清楚周遭情況，兔子也會跳到高處，接著再以後腳站起（參照59頁）。如果兔子會在飼主身上躺下或放鬆打滾，或許是因為牠們把飼主的身體當成舒服的睡床了。

我們咬人都是有理由的啦

儘早解讀愛兔情緒 做好兔咬的預防措施

被兔子咬時，如果飼主的反應過於激烈，反而會引來兔子更亢奮的啃咬。飼主不僅要以堅定的態度告誡愛兔：「不可以咬人！」與此同時也要找出愛兔咬人的原因，並制定對策。

如果兔子是在飼主將手伸進籠子、清掃籠子時，或是在家中散步時突然撲過來咬人的話，有很大的可能性是在表示：「不要擅闖我的地盤！」「不要隨便清掉我的氣味啦！」「滾出我的地盤！」這時用圍柵限制兔子的地盤，或許能夠幫助牠們冷靜下來。

如果是在試圖觸碰或抱住愛兔時被咬，可能是兔子還很害怕人類的手，或是曾經有在懷抱中跌落的經驗，因為太過恐懼而咬人。所以請不要強迫愛兔，讓牠們慢慢適應吧。就算是已經習慣與飼主互動的孩子，要是飼主突然從背後或上方出手，牠們也會本能地感到恐懼，認為有天敵來襲而張口就咬。

其他像是聞到討厭的兔子或其他動物的氣味、發情造成的亢奮等五花八門的理由，都可能造成兔子咬人。各位不妨仔細觀察愛兔咬人前的模樣，找出徵兆，之後注意到愛兔表現相同徵兆時就趕快躲開，不要讓愛兔養成咬人的習慣。

理毛

兔子是非常愛乾淨的動物。
撫摸
撫摸
驚
所以每當兔子身上沾染氣味後，就會本能地想消除……
飼主的氣味
嗅
嗅
飼主會心碎呢……。
沾到奇怪的味道了～
我舔
我舔
我舔

鼻子的功能

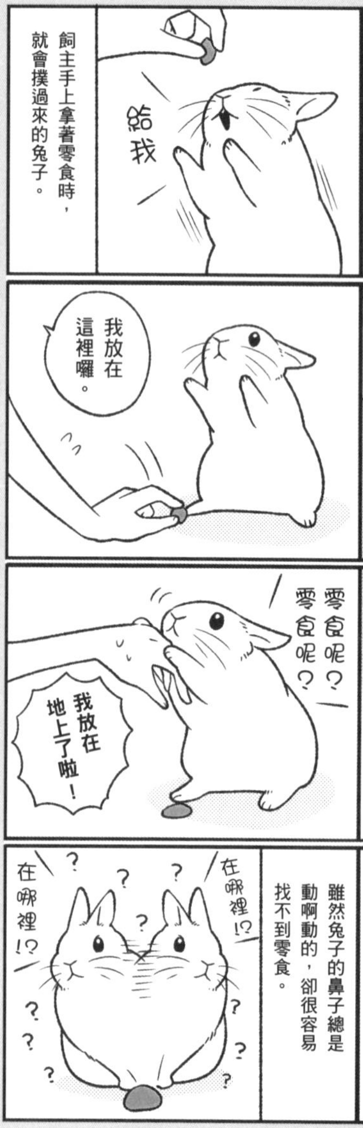
飼主手上拿著零食時，就會撲過來的兔子。
給我
我放在這裡囉。
零食呢？
零食呢？
我放在地上了啦！
雖然兔子的鼻子總是動啊動的，卻很容易找不到零食。
在哪裡！？
在哪裡！？

part 3

和兔子的生活

初次見面，初期請先讓我靜一靜

迎接新成員～讓兔子適應家裡的法門

想要飼養兔子時，第一個想到的管道通常都是寵物店，不過現在也有許多兔子專賣店了。另外，各位也可以直接向繁殖業者購買，或是向愛兔中心認養。

無論選擇哪一種管道，都必須留意下列事項：

◆兔子成長於衛生的環境，且享有適當的飲食（牧草或飼料）
◆至少為一個半月齡
◆健康狀態良好

任何一項不符合時，往往容易造就悲劇，像是從幼兔起就生病不斷，帶回家後很快就死亡……。所

健康兔子的檢查重點

眼、鼻、耳、口
周遭都很乾淨
牙齒的咬合正常
身體沒有皮屑或紅腫
糞便狀態良好
臀部一帶也很乾淨
後腳沒有
受傷或掉毛
前腳內側的毛沒有髒汙

以在挑選兔子時，請務必確認這些事項。

帶兔子回家後的第一天，請先讓兔子待在籠子裡，並且用布等罩住籠子。在兔子適應新環境之前，請先忍耐想要觸摸兔子的慾望。維持這個狀態兩三天後，就可以試著對兔子說話，並親手餵食牧草等。接著觀察四五天，如果兔子在籠子裡都很冷靜的話，就可以試著放出來。將兔子從籠中抱出來的過程，也能夠幫助牠們適應飼主的懷抱。剛開始讓兔子在家中散步時，請從旁守候即可，不必太過干預。只要按部就班地進行，兔子遲早會主動靠過來親近飼主。

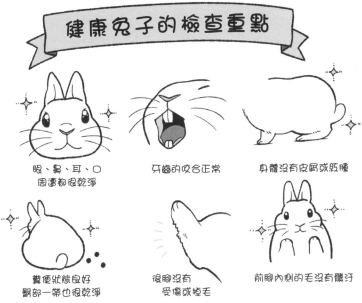

兔子喜歡
什麼樣的家呢？

我想住在可以放鬆休息的家

挑選舒適的場所 設置能夠放鬆的籠子

籠子是家兔的巢穴，所以請幫自家愛兔準備一個能夠放心生活的家吧。

挑選籠子時，尺寸至少要能讓兔子長大後仍然可以自由地伸展身體、舒服躺下，而且站直後不會撞到頭。另外也要選擇方便清理的籠子，才能夠保持籠內乾淨，因此這裡推薦能夠將底盤抽出來的類型。

籠子內應布置得愈簡單愈好，才能夠避免兔子受傷。最基本設置的道具有飼料容器、牧草容器、飲水器與廁所，另外也應視情況，擺放磨牙用品與玩具等等。此外，平

要記得
每天打掃喔！
1個月要徹底清洗一遍！

坦堅硬的底面會對兔子的腳底造成負擔，建議鋪設木板組成的格柵型地墊，打造出適度的凹凸地面。

至於擺放籠子的理想場所，應具備下列條件：

◆兩面靠牆
◆通風良好，並能照到適度的陽光
◆空調的風不會直吹
◆不會離出入口過近

另外各位也要考慮到地震或火災時的安危，任何倒下後會壓壞籠子的大型家具旁、屬於易燃物的地毯上或窗簾下方等，都不是合適的擺放場所。平常也應備妥避難用的外出籠，以及適量的兔糧庫存等，以備不時之需。

請放我出籠玩耍

兔子需要運動嗎？

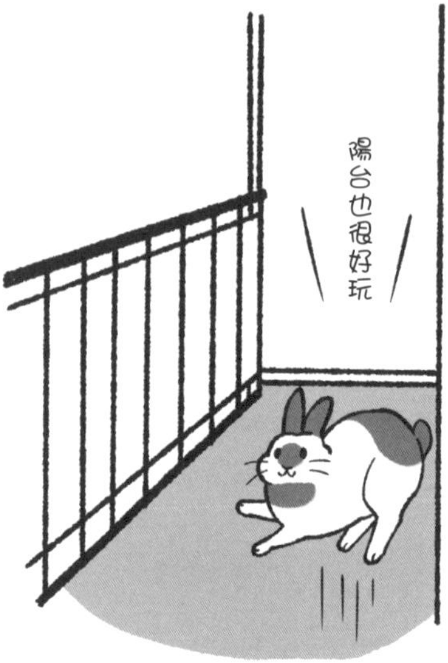
陽台也很好玩

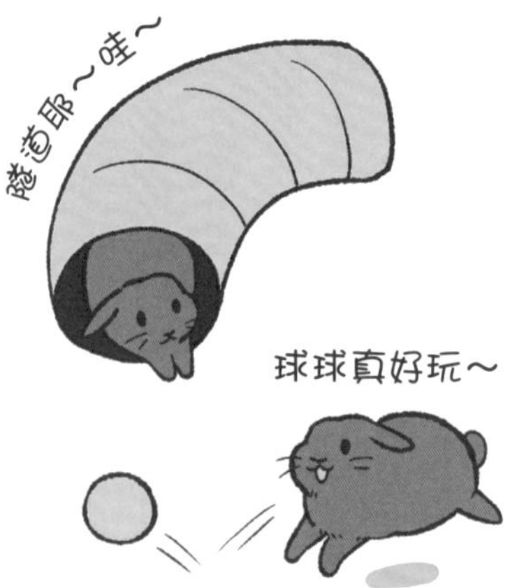
隧道耶～哇～
球球真好玩～

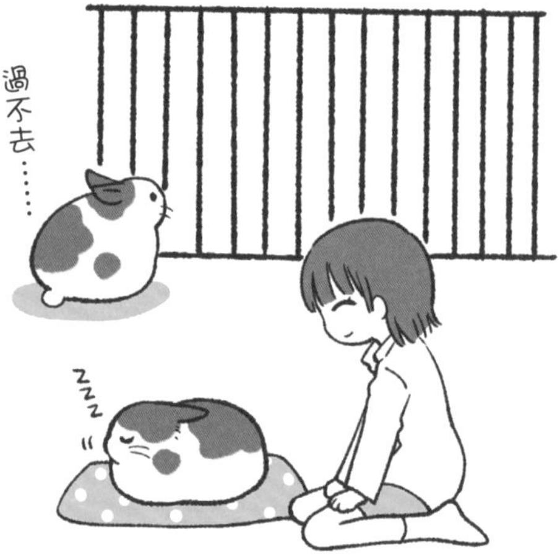
過不去……
zzz

做好安全措施
讓愛兔盡情散步

雖然兔子不像狗狗一樣需要出門散步，但牠們仍然需要適度的運動。所以每天都必須至少放愛兔出籠一次，讓牠們在家中四處散步。

放愛兔出籠前，飼主必須做好安全措施，避免兔子亂咬亂抓（參照64頁）。家中若是鋪有木頭材質地板，容易使兔子打滑，所以請至少在局部地面鋪設地墊，備妥供兔子自由跑跳的場所。至於地墊的選擇方面，請挑選沾到尿液後也能迅速清理的類型，之後打掃起來就輕鬆多了。另外也可以設置圍柵，讓兔子在特定範圍內玩耍。

放兔子出籠散步時，享受的方法因兔而異。如果是好動的孩子，建議飼主增加能夠讓牠們盡情運動的場所，或是多擺些吸引兔子的玩具；如果是比較文靜的孩子，就準備能夠放鬆打滾的小床，或是多花點時間摸摸牠們。總而言之，請按照愛兔的個性，提供更愉快的出籠時光吧。

有時候也可以讓愛兔去陽台或庭園走走，準備一段能夠轉換心情的時間。但是陽台欄杆必須貼好板子，避免愛兔穿越縫隙不慎墜落。此外，戶外也不乏烏鴉與貓咪等兔子的天敵，所以讓愛兔在這些空間活動時，請務必全程盯緊，而且時間也不宜太長。

兔子喜歡
什麼樣的食物？

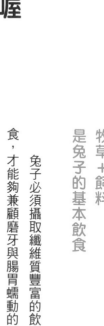

我的主食是牧草喔

牧草＋飼料是兔子的基本飲食

兔子必須攝取纖維質豐富的飲食，才能夠兼顧磨牙與腸胃蠕動的需求，保持身體健康。所以餵食大量的牧草作為主食，正是兔子長壽的關鍵。

不過，牧草也有種類之分，這裡推薦的是高纖維低熱量的禾本科提摩西牧草。另外像是營養豐富的豆科苜蓿草，則很適合發育期的兔子。牧草的香氣與口感會隨著產地而異，有些孩子不喜歡吃太硬的莖桿，可能會偏好口感較柔軟的二、三割且經過高度壓縮的牧草，而不是僅經過輕度壓縮的一割草。所以請按照自家愛兔的喜好，找到適合的牧草吧。

此外，飼主也應藉由優質的飼料為愛兔補充營養。但是這裡要注意，飼料袋上的建議餵食量，是以沒有吃牧草為前提。如果愛兔平常就有食用大量牧草，建議餵食量應該縮減為約體重的百分之一。兔子正值發育期的時候，可以直接擺出食物讓牠們吃到飽，可是一旦長至成兔後，就應向醫師諮詢合適的餵食量。餵食量依品種與成長階段而異，所以請適度調整，維持愛兔的健康吧。

另外，也別忘記準備飲用水，如果是不太會用飲水器的孩子，直接用盤子給水也沒關係。

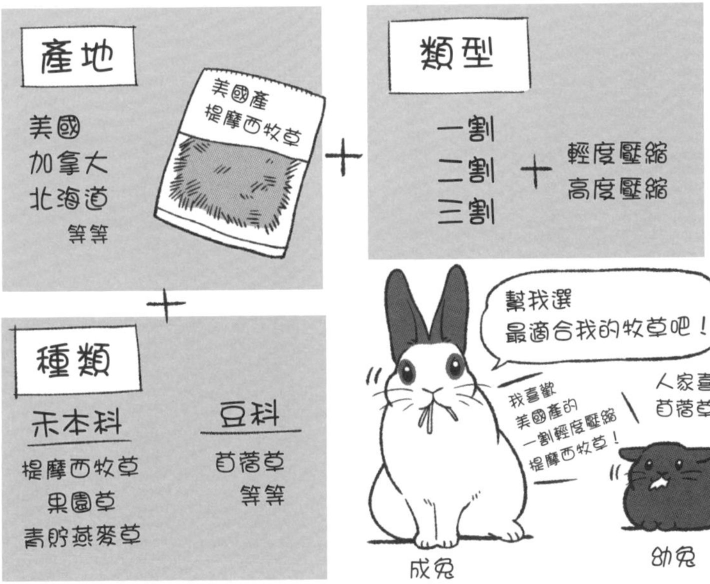
產地
美國
加拿大
北海道
等等
美國產
提摩西牧草
+
類型
一割
二割
三割
+
輕度壓縮
高度壓縮
+
種類
禾本科
提摩西牧草
果園草
青貯燕麥草
豆科
苜蓿草
等等
幫我選
最適合我的牧草吧！
我喜歡
美國產的
一割輕度壓縮
提摩西牧草！
人家喜歡
苜蓿草♡
成兔
幼兔

兔子需要吃零食嗎？

我最喜歡所有好吃的東西了

以營養角度來說非必要
但零食也有很棒的效果

兔子和人類一樣，都非常喜歡吃美食！所以儘管主食就足以供應所需的營養了，但是看著愛兔因為美食露出喜悅的表情時，飼主也會感到幸福對吧？尤其是下列這幾個狀況，若是能夠給點零食，就會獲得很棒的效果。

◆做了兔子不喜歡的事情後

像是在剪指甲或梳毛後給點零食獎勵，便能夠緩和兔子的心理壓力。如果是不喜歡回籠子的孩子，也可以在籠中擺點零食，兔子就會迅速進去了。

◆食慾不振時

OK的零食
蔬菜
胡蘿蔔
……等
綠花椰菜
小松菜
水果
(草莓、蘋果等)
野草
(蒲公英、三葉草等)
NG的零食
蔥類
酪梨
芋類
人類的食物
……等
請避免
會黏牙的食物！
(像是香蕉)
每次給予少量！
請用

有時兔子吃了喜歡的零食，就會恢復食慾，幫助身體恢復健康。也可以將愛兔對零食的渴望程度視為指標，若是牠們連最喜歡的零食都不吃，就代表身體狀況很糟了。

◆當成溝通的橋梁

飼主親手餵食零食，兔子就會認知到「飼主是給予美食的人」，然後逐漸放下對飼主的警戒心，提高主動親近的機會。

最後特別提醒，除了在選購零食時挑選有益健康的類型之外，也要避免過度餵食。雖然愛兔來撒嬌時就會忍不住想要一餵再餵，但是過度食用會造成肥胖，因此讓愛兔享受零食時光的同時，也要留意健康第一。

每天的觀察與照顧是長壽的祕訣

該如何維持我家孩子的健康呢？

健康不是一蹴可幾！要重視每天的累積

管理好愛兔的健康是飼主的責任，所以必須留意飲食、整理環境，平常也應養成觸摸愛兔以確認身體狀況的習慣。兔子有很多身體狀況都可以透過平日的觸摸察覺，例如腹部比平常硬的時候，便要懷疑是不是胃腸道停滯；觸摸背部卻摸不到脊椎骨時，就代表自家孩子太胖了。

兔子是會隱瞞身體不適的動物（參照107頁），許多細微的變化都可能是疾病的警訊，而這些細微轉變只有每天相處，且留心觀察的飼主才能夠發現。因此無論生活多麼忙

維護健康的關鍵

良好的飲食生活
良好的生活環境
適度保養
健康檢查

碌，每天都必須撥出少許時間，和愛兔說說話、好好相處，並留心觀察愛兔的模樣，這也可以說是維護兔子健康最重要的關鍵。

此外，飼主也應做好日常保養，例如在爪子長得過長前修掉、定期梳毛等。兔子的爪子裡有血管末端，所以修剪時只要剪掉沒有血管的尖端即可。如果愛兔的爪子是黑色的，可以先藉由光照確認血管位置。梳毛頻率則應為每週一次，換毛期則需要天天梳理。為兔子梳毛其實沒有想像中費事，光是用手沾水撫摸愛兔，就能夠清除脫落的廢毛，因此平常應養成定時撫摸的習慣。至於長毛的孩子，則可以藉由適度修剪，改善這個問題。

兔子可以訓練上廁所嗎？

我會用我自己的方法學會怎麼方便

利用兔子習性訓練愛兔上廁所

穴兔天生會在巢穴中的固定位置排泄，所以飼主可利用這個習性，訓練愛兔在指定的位置上廁所。訓練程序如下：

①將廁所擺在籠子角落（不被打擾的場所）

②將沾有尿液氣味的紙巾等，擺進廁所裡

③兔子坐立難安或是抬起尾巴時，可能是想要上廁所的訊號，請立刻抱到廁所上面

④兔子成功在廁所排泄後，就給予獎勵

便盆清理的重點

●每天打掃
今天也是很乾淨～♪
●不要徹底清除氣味
嗅
嗅
●選用舔到也不傷身體的寵物用除臭劑
寵物用
人用
今天的糞便也很健康！
色澤
尺寸
量

當飼主發現兔子在廁所以外的地點排泄時，不需要為此而責罵愛兔，只要立刻清理，消除排泄物的氣味即可。

但是，就算兔子學會上廁所，當牠們進入發情期，或是上了年紀之後仍然有可能在其他位置排泄。此外，偶爾也會有只願意在廁所排便的孩子。

對廁所的依賴程度往往依兔子的個性而異，所以請別追求完美，抱持「只要能順利運用廁所就很幸運啦」的心情，輕鬆面對吧！

如果愛兔不願意使用便盆，但是願意在固定位置排泄時，就請撤掉便盆，改在格柵型地墊下方鋪設寵物尿墊，轉換方法試試看吧。

兔子有
不喜歡的季節嗎？

請幫我做好防暑&防寒措施

不分一年四季
都要做好溫度與溼度管理

兔子最害怕的季節就是夏季，長時間待在高溫悶熱的室內可能會讓牠們中暑。所以每當進入炎炎夏季時，建議整天都要開啟空調，將室溫控制在二七度以下，同時也建議在籠中擺設降溫板等冰涼的物品。可是太冷對身體也不好，所以籠子要放在不會被空調送風直接吹到的位置。此外，也不能光靠空調改善室溫，最好能夠稍微打開門窗，加強室內通風。

兔子屬於比較耐寒的動物，但是當室溫低到十八度以下時，仍應做好防寒措施（身體健康的話，

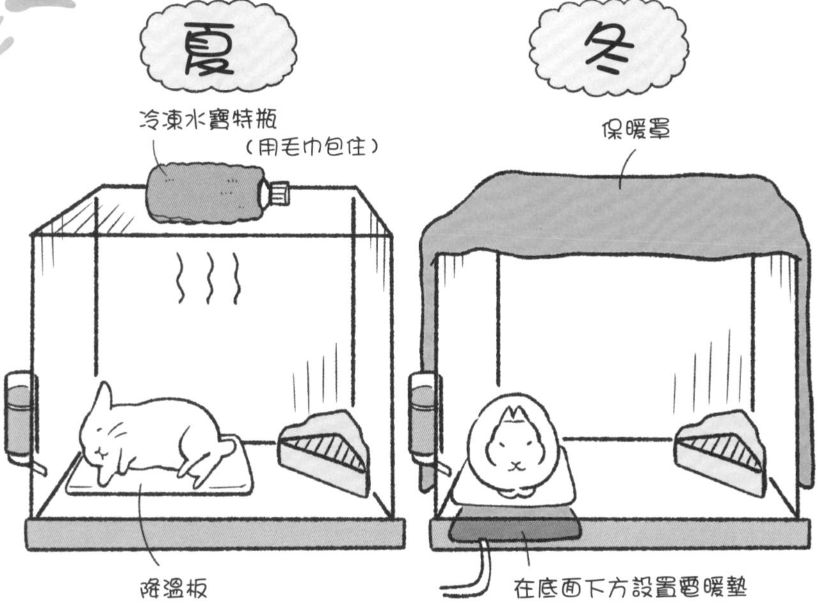
夏
冬
冷凍水寶特瓶
（用毛巾包住）
保暖罩
降溫板
在底面下方設置電暖墊

十五度左右都還可以）。如果飼主想為愛兔準備電暖墊，建議設置在籠子底面下方或是側面，才能避免籠中溫度太高。事實上，只要簡單以毯子罩住籠子，就足以達成一定程度的保溫，但是病兔、幼兔與老年兔的身體狀況很容易因寒冷而突然變差，甚至惡化，所以飼主必須更謹慎地做好保溫。

讓兔子感到最舒服的室內溫度為二〇～二八度，溼度則為四〇～六〇％。空氣乾燥的冬天，應視情況使用加溼器，陰雨綿綿的梅雨季節則應搭配除溼機，所以建議在籠子裝設溼溫度計，養成每天確認室內環境的習慣吧。

兔子可以獨自看家嗎？

外出兩晚以上請拜託別人照顧我

必須考慮到愛兔看家與移動過程的心理壓力

如果是兩天一夜的行程，就可以考慮讓兔子獨自看家。前提是自家孩子必須為健康的成兔，並且利用空調等做好溫度與溼度管理※。但若是離家兩夜以上的話，還是得另外託人照顧。

◆委託親友或寵物保母

這個方法能夠讓兔子待在熟悉的自宅，沒有環境變化，就不會造成牠們的心理壓力了。但是應確實告知愛兔的個性、飲食內容與打掃等照顧方式，以及常去的醫院。

※請注意電器使用上的安全。

◆寄放在寵物旅館

可以的話，請飼主先從兩天一夜開始嘗試，讓兔子慢慢適應。若是旅館內有熟悉兔子的員工，而且能與犬貓完全隔離的話會更安心。

離開家門會對兔子造成心理壓力，所以就連看醫生的次數都必須盡可能降低。但是像回鄉等長時間的行程，在兔子身體狀況不錯的情況下，仍可考慮一起帶回返鄉。移動過程中要盡量避免晃動兔子的身體，所以選用的外出籠不要太大才會比較安穩，且嚴禁直接在路程上直接抱著兔子。冬夏必須做好溫度控管，在外出籠側面貼上保冷劑或暖暖包，一路上也應時不時確認兔子的狀況。

移動時
補充水分用的蔬菜
牧草
夏季要貼上保冷劑，
冬季要貼上暖暖包
移動中
有時會暈車…

真希望兔子不舒服時能表現出來……
我習慣隱瞞自己的不舒服
我很好喔
唏—唏—

「不同以往」正是危險訊號！及早就醫才能救命

對於自然界的獵食者來說，虛弱的動物是最好的獵物，因此就算不舒服也會裝得很有精神——這就是兔子的本能，有時等飼主發現狀況不對勁時就為時已晚了。所以請飼主不要錯過愛兔任何不舒服的警訊，及早發現並及早治療。

當兔子不舒服時，會出現下列狀況：

◆不進食
◆排泄量變少，糞便又小又鬆
◆抗拒飼主的觸碰
◆耳朵偏冷或偏熱
◆縮成一團

「平常打開籠子都會立刻跑過來，今天卻動也不動的……」當愛兔像這樣出現「和平時不一樣」的不尋常舉止時，就必須懷疑是不是某種疾病的警訊。此時飼主便要仔細觀察，確認是否有其他不對勁的地方。

看起來似乎沒什麼精神、表情不太對勁……，飼主只要遇到這些不太對勁的情況，就算只是「略有疑慮」的程度，也必須相信自己身為主人的直覺！不要認為「這點小事應該不要緊」而放鬆警惕，只要有點在意，就應該立刻帶愛兔去看醫生，有時只要經過檢查就能夠確認是否生病了。

兔子常見的疾病有哪些？

請特別留意咬合不正與胃腸道停滯

食用大量牧草
可以防百病！

留心每日飲食內容有助於預防疾病

想要愛兔健康長壽，飼主就必須了解兔子常見的疾病。

◆咬合不正

上下排牙齒無法對齊，或是牙齒過長的現象，就是一般俗稱的咬合不正，會造成兔子食慾不振或是流口水等症狀。切齒的咬合不正多半為先天形成，但有時是因為墜落意外，或是啃咬籠子所造成，後續必須定期接受削齒治療。至於臼齒的咬合不正現象，原因通常為牧草的食用量不足，或是沒有吃磨牙食品等，只要調整飲食內容就能夠改善了。

咬合不正
胃腸道停滯
糞便小顆
量又少時
就要特別留意！
就算還只是
沒什麼精神、靜靜待著
這類初期的症狀，
糞便的量與顆粒大小
也會產生變化！

◆胃腸道停滯

腸胃的蠕動狀況不佳時，吃進肚子的廢毛或食物就會停滯在腸胃內，導致脹氣，這就是所謂的胃腸道停滯。這個疾病的症狀包括腹脹、強烈磨牙、扭著身體要讓腹部貼住地面等等。至於造成疾病的原因，則包括飲食內容纖維質過少且澱粉質過多（沒吃牧草或是食用量過少）、水分不足，或是心理壓力等。治療方式包括給予止痛藥或促進腸胃蠕動的藥劑、補充水分與按摩等。但是若已經演變成腸阻塞的話，按摩會造成反效果，所以請務必就醫，不要自行判斷。

其他還有哪些疾病需要注意呢？

斜頭與生殖器疾病都要特別留意

平時留心提高免疫力或是及早開刀預防

當兔子免疫力變差或是身體老化時，都可能會突然生病，所以請努力做好平時的預防，並做到及早發現病情吧。

◆斜頭

兔子歪頭無法恢復的狀態就稱為斜頸。嚴重時，甚至會因為姿勢無法保持平衡，而不斷地轉圈圈。因細菌感染造成中耳炎，並進一步引發內耳炎時，或是微孢子寄生蟲造成的兔腦炎微孢子蟲等，都可能引發斜頸，所以會藉由抗生素或驅蟲藥治療（有時腦部疾病也會出現相同症狀，但是比較罕見，實際治

生殖器疾病
♂
♀
兔子的尿液顏色本來就偏紅，有時會疏忽血尿症狀，因此必須定期接受尿液檢查！
?
斜頸

療方法依個體情況而異）。免疫力差的時候就容易發病，所以平常請努力提供乾淨的環境，以及沒有壓力的生活。

◆生殖器疾病

雌兔子宮疾病的發病機率會在兩歲半之後提高，病情嚴重時，會出現腹脹或是血尿等肉眼可見的症狀。雄兔進入老年時，也容易出現睪丸腫瘤等生殖器疾病，症狀有陰囊發腫或長出腫瘤等。生殖器疾病有時能夠靠餵藥控制，但是結紮才是最好的治療與預防方法。此外，當兔子肥胖或是年紀太大時有可能便無法開刀，所以建議趁健康時考慮結紮。

人類的空間裡處處危機四伏

兔子容易發生哪些意外？

隨時整頓安全環境預防意外發生

意外與疾病不同，只要飼主留心就能夠預防。所以現在請各位重新檢視飼養環境，確認哪些生活習慣是否容易使愛兔發生意外。

◆骨折

兔子很容易發生輕微骨折，必須特別留意。首先要注意的一點，是兔子容易從籠子的小閣樓或房間沙發等高處跌落，所以應避免使用小閣樓，或者裝設在較低的位置；另外也要做好預防愛兔跳上沙發等的措施。

放愛兔出來活動時，只要謹慎盯著，就可以預防不慎踩到或是關

骨折
誤食
家中的風險全都清除乾淨吧！

門時夾到等意外。因此放愛兔在家中散步時，應盡量避免讓愛兔離開視線。

◆誤食

兔子有啃咬物品的習性，有時也會直接吞進肚子裡。如果只是誤食少量，或許還可以藉由排泄排出體外，但是大量誤食卻可能造成腸阻塞。

若是誤食香菸，甚至還可能中毒致死，非常危險。所以飼主可別認為「我家孩子絕對不會吃奇怪的東西」而鬆懈，必須將兔子不能吃的物品，都徹底收到牠們接觸不到的場所裡。

在家中養病時，
希望飼主怎麼做？

希望可以協助我與病魔對抗

發揮兩人三腳的精神力求早期康復

愛兔生病時，飼主必須努力提供支援，才能幫助愛兔早日康復！

◆整頓適當的養病環境

為了讓愛兔能夠安心養病，請將籠子擺在安靜，且不容易發出其他動靜的場所，並且一直維持適度的溫度管理。養病時的一大關鍵，便是藉由進食恢復體力，所以食物也應該擺在兔子方便食用的位置。此外，也請額外準備像是蔬菜等愛兔食慾不振時也願意吃的食物，想辦法吸引牠們進食。

◆將壓力降到最低

像強制餵食這種儘管愛兔會抗

拒、卻不能不做的事情，就必須做到快狠準，才能夠將愛兔的壓力降到最低。所以請飼主一定要仔細觀察醫師的示範，學會餵食的技巧吧。兔子掙扎只會平白耗費體力，所以強制餵食時的一大重點，就是必須確實保定好身體。如果愛兔很抗拒吃藥時，不妨拌在果菜汁裡，想辦法讓藥變得容易入口一點。

◆開朗的相處方式

兔子能夠敏感察覺到飼主的情緒，所以請開朗地鼓勵愛兔：「別擔心，你會康復的，一起加油！」只要愛兔有任何進展，就多多讚美吧。例如當愛兔願意大量進食，就溫柔說聲「很好吃對吧」，順利排便時，也可以說聲「做得好」。

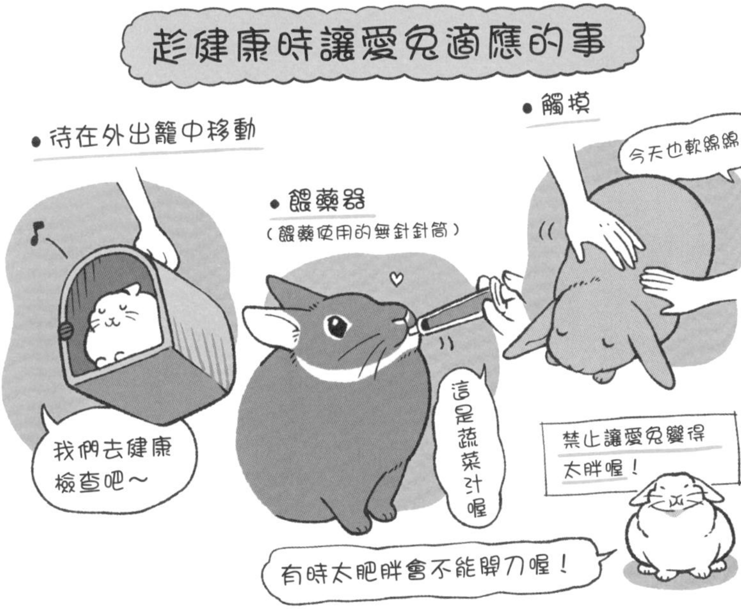
趁健康時讓愛兔適應的事
●待在外出籠中移動
我們去健康檢查吧～
●餵藥器
（餵藥使用的無針針筒）
這是蔬菜汁喔
●觸摸
今天也軟綿綿的
禁止讓愛兔變得太胖喔！
有時太肥胖會不能開刀喔！

對動物醫院有什麼偏好嗎？

希望能夠找到值得信賴的醫生

選擇動物醫院的要點
著重待兔方式與溝通流暢

為了能夠沉著應付所有可能突發的狀況，請務必趁愛兔健康時，積極尋覓值得信任的主治醫師吧。

雖然有為兔子看診的醫院並不少，但是卻很少醫院有「專門看兔子的醫師」。為了找出熟悉兔子的醫院，平常不妨多搜尋相關風評作為參考，並利用帶愛兔修剪爪子或健康檢查的機會實地評估吧。

首先要確認的重點，是醫師在診間對待兔子的方式。如果需要多人一起保定，或是沒有打算讓兔子上診察台，直接就地檢查的醫師，都可能對兔子很不熟悉。

此外，醫師與飼主能否培養出默契也很重要，因為兔子會隱藏自己的不適，飼主提供的資訊對診斷來說便顯得格外重要。所以醫師必須能夠讓飼主放心提出「覺得有點奇怪」的小事，主動諮詢，否則等發現疾病時可能已經太晚了。如果院內氛圍讓人能夠輕鬆諮詢飼養問題，想必就更令人安心了。

決定好要長期往來的醫院後，就要定期讓愛兔接受健康檢查，才能夠維持健康，及早發現疾病。不過只做到這點還是稍微不夠，建議最好也要找好預備醫院，萬一常去的醫院公休，或是營業時間外需要看醫師時，才能夠緊急前往。

前往動物醫院的準備工作
出發前先打電話
醫院
帶著糞便
冷靜說明
雖然早上有正常進食，但中午過後就不肯吃了……
主要照顧者必須同行
平常的飼養紀錄也會派上用場喔！

春天

春
冰雪溶解，
百花盛開的季節。
花粉飛舞！
同時也是
兔子毛紛飛的季節！
飼主可不能
沒有口罩!!

特殊技能

奇怪？
兔子不見了……
彈起
?
完全
融入內裝了呢。

part 4

和兔子的相處

腦袋還一片空白

讓愛兔熟悉接觸打下關係基礎的時期

幼兔出生後，大約會在六到八週時離乳，接著就會離開母兔了。寵物店裡的兔子，多半屬於這個年紀。這時幼兔剛來到家裡時非常緊張，所以必須讓牠們慢慢適應，建立起「這裡是可以放心的場所」、「飼主值得信賴」的觀念。

迎接幼兔到家後，就先從照料愛兔時搭話開始，協助牠適應吧，像是說「○○，早安。」、「我要打掃囉～」。當兔子好奇靠近時，就伸手讓牠嗅聞。等幼兔習慣飼主的聲音與氣味後，就會慢慢放下警戒心了。

趁健康時讓愛兔適應的事

● 學會與飼主交流　● 習慣擁抱　● 獲得許多經驗

兔子天生抗拒被抱住，但是在尚未萌生自我意識的幼兔時期，比較不會抗拒觸摸與擁抱。所以可以趁這段期間養成從籠子抱出來的習慣，讓兔子認為：「被抱就可以離開籠子，是好事！」

兔子習慣環境之後，就會對各種事物產生好奇心。這段期間會不斷累積經驗，從中學習，所以只要沒有危險，飼主就從旁靜靜守護著即可。

據說兔子對食物的喜好會在六個月齡時固定下來，所以在這之前請每天餵食少許蔬菜，拓展牠們味覺方面的接受範圍。

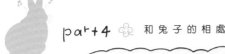

青春期的兔子
在想什麼？

充滿了無法抑制的自我主張

必須教導主從關係的訓練關鍵期

兔子從三到四個月月齡開始，便會步入性成熟的階段。這段期間相當同於人類的青少年時期，將會迎來青春期。這時的兔子與坦率的幼年期不同，會出現強烈的自我主張傾向。

牠們會努力開拓地盤並緊緊固守，會吵鬧著要離開籠子，有時也會張口咬飼主。遇到不喜歡的事情就會跺腳或是掀翻餐具，性情會比較毛躁亂來，爭奪地位與噴尿的行為也會變得比以往劇烈。這個時期的兔子也會開始抗拒擁抱與修剪爪子，因此或許有不少飼主會遭受不

趁青春期做好的事情

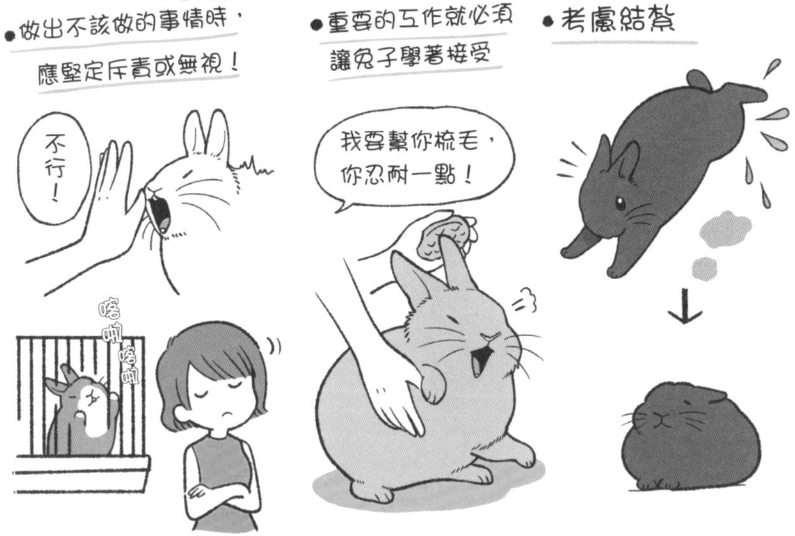
●做出不該做的事情時，
應堅定斥責或無視！
●重要的工作就必須
讓兔子學著接受
●考慮結紮
不行！
喀啦喀啦
我要幫你梳毛，
你忍耐一點！

小的衝擊。

這時飼主如果抱著「我已經無能為力了……」的念頭放任不管，或是不管愛兔想做什麼，都任由牠自主行動的話，兔子就會漸漸地輕視起飼主，變得愈來愈任性。所以必須好好地看著愛兔，告訴牠們：「不行就是不行！」、「我的地位比你高喔！」

愛兔的地盤意識過強的話，也可以利用圍欄等道具設定範圍，讓牠們只在範圍內活動，至於修剪指甲等例行工作，則在地盤外執行即可。有時候結紮也能夠幫助兔子冷靜下來。

成兔在想什麼？

長大了自然就穩重多了

充實愛兔身心建立穩定關係的時期

兔子從七月齡開始就長至成兔的體型，性格則依個體而異，但是通常一歲起就會穩定下來，並且在二～三歲時連內在都散發出成兔的從容感。只要青春期時有確實訓練好，成年期就能夠與飼主構築出彼此都相當自在的舒適關係。

連光觸碰就生氣的孩子、堅持拒絕擁抱的孩子，也可能慢慢接受飼主的觸摸與擁抱。原本到處排尿的孩子，如果突然發生某一天學會在便盆排泄的奇蹟，通常也會集中在這個時期。「我已經是成熟的大兔子了，差不多該圓融一點了。」

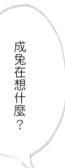

趁成年期做好的事情

● 檢視飲食生活與環境
● 正確應對愛兔的變化
● 必須更動環境時，
盡量趁這個時候
幼兔用
成兔用
好窄～
摸摸～
明明以前
很討厭被摸呢～
新家～

或許牠們是這樣想的呢？

這個時期的兔子，有足夠的體力與精神，健康狀況也比較穩定。但飼主也不能因此就輕忽，仍然應該日日檢查兔子的身體狀況。經常檢視自家孩子的飲食生活與環境，打造出健康的身體基礎，以備後續到來的老年期。

雌兔在二歲半時，容易罹患生殖器官方面的疾病，也比較容易在季節變化的時期不舒服。所以請飼主務必養成健康檢查的習慣，半年帶去動物醫院一次吧。

老兔在想什麼？

想撒嬌、想依賴飼主，也想好好放鬆

少了年輕時的衝勁 安穩過日子的時期

兔子五歲左右就會開始慢慢老化，到了七歲左右便正式進入老年期。在這個時期，兔子個性會更加穩重，即使是很有個性的孩子也可能開始向飼主撒嬌。

少了衝勁的愛兔，會老化得很明顯，所以可別把牠們當成老兔對待。請對牠們更加殷勤，時常告訴愛兔：「你只是年紀大了點，還是很可愛喔！」並且在以不危及健康的前提下，餵食牠們喜歡的食物，盡情陪愛兔玩，滿足愛兔各個方面的需求。

另外一大照護重點，便是要打

趁老年期做好的事情

- 因應體力衰退的措施
- 盡量滿足愛兔的需求
- 為離別做好心理準備

好高…
斜坡
請吃零食！
要摸摸嗎？
寵物墓園啊～

造適合老兔生活的環境。老兔的腰腿比較虛弱，所以要在活動範圍鋪上防滑墊，籠子的出入口也要設置斜坡，想辦法減緩高低落差。餐具則要擺在方便食用的位置，並換成老兔專用的飼料；若是兔子吃不太下硬質的牧草時，就換成軟一點的品牌吧。

和老兔共度安穩的生活，是唯有愛兔長壽時才能體驗到的幸福時光。飼主或許想到別離之日遲早來臨，而忍不住難過起來，但還是建議在平日便要慢慢建立好心理上的準備，才不會在離別到來的那一天太過悔恨。

雌兔與雄兔各有重視的要點

男生與女生在個性上有什麼差異嗎？

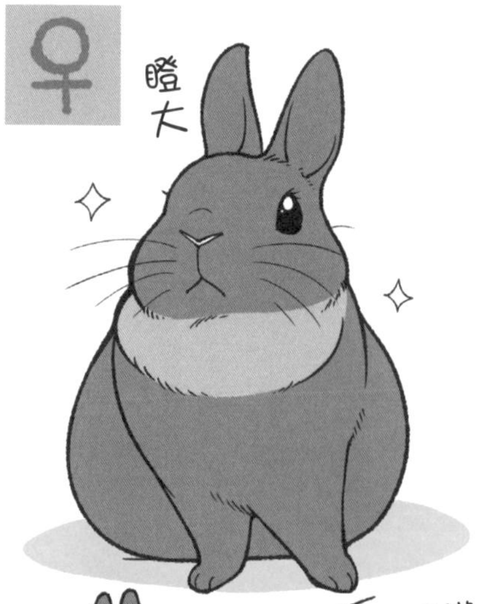
♀
瞪大

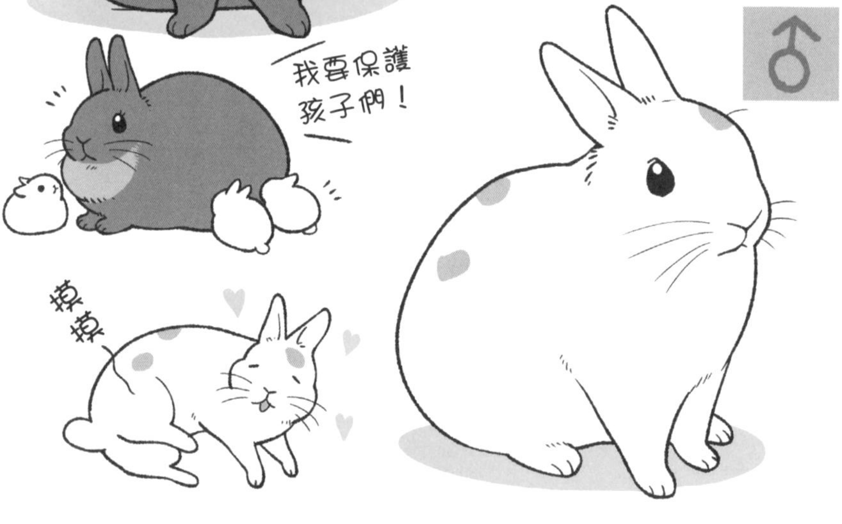
我要保護孩子們！
摸摸
♂

雄兔愛撒嬌 雌兔反而冷酷!?

兔子的性別差異，會從開始性成熟的三月齡逐漸浮現。亟欲拓展地盤的雄兔會不斷吵著要出籠，如果飼主限制牠們的行動，又會生氣地攻擊。但是許多雄兔都很愛對飼主撒嬌，也相當親人，而且這個性情變化在結紮之後又會變得更加明顯了。

雌兔則是天生有保護孩子的習性，個性比較獨立，因此和飼主之間的相處情形比起雄兔，往往會顯得冷淡許多。而且發情期與休止期的反覆循環所帶來的荷爾蒙變化，會使雌兔有時特別焦躁，甚至會出現攻擊性。儘管有些孩子在結紮之後就會穩定下來，但是仍然不像雄兔一樣那麼黏飼主，通常是想撒嬌的時候才會靠過來撒嬌。

在自然環境中，野兔界通常是一隻雄兔擁有數隻雌兔伴侶組成後宮，因此雄兔本能地會想要「成為這個地區的王者」，雌兔則會本能想要「成為後宮的第一夫人」。家裡的兔子如果得像這樣你爭我奪、持續爭權奪位的話，就沒辦法平靜地過生活了，所以飼主必須想辦法為兔子建立觀念，讓牠們知道飼主才是家中的主宰者。

我們家的孩子是什麼個性呢？

請重視自家孩子本身的特性

我要獨自過活
孤獨一只兔
強迫症
餐具的位置擺錯了~

性格因兔而異 有時也會流露不同一面

兔子所展現的風格與性格，稍微能夠依性別與品種來分類，但是實際上仍然因兔而異。後面列出的性格僅是其中一部分，有時也會隨著飼主的照顧方式改變。所以請飼主每天和愛兔深刻交流，找出最適合自家孩子的相處方法吧！

◆好勝型

任性且自尊心高，一生氣就會跺腳、使出兔拳！簡直就是唯我獨尊的女王大人。自由奔放的性格是這類兔子的魅力，但是不太會撒嬌，所以需要充分練習才能夠適應必要的擁抱。所以請飼主在擁抱過

膽小
好可怕喔～
跟蹤狂
我們要永遠在一起…
快點過來摸摸我
女王大人
出門後…
真乖～
出外一條蟲

後餵食愛兔喜歡的零食，討愛兔的歡心，讓彼此間的相處更融洽。

◆謹慎型

個性偏怯弱且膽小，就連對飼主撒嬌也顯得小心翼翼。有時會因為害怕、畏怯而咬人，所以飼主想要對愛兔做什麼之前，記得先出個聲，想辦法避免讓愛兔感到恐懼。

◆撒嬌型

總是跟在飼主身後，黏人得不得了。有時牠們會為了表達愛意，做出噴尿等令人傷腦筋的舉動。當這類型兔子太過撒嬌時，可能光是飼主不在家就會感到強烈的焦慮，所以必須特別留意。

為什麼我家孩子都不親近我呢？
因為我不知道怎麼和你相處
哼

兔子不親近的原因五花八門 請先思考相處方式吧

兔子親近飼主所需要的時間通常因個體而異，有些孩子到家的第一天，就緊緊黏著飼主不放；有些孩子則是不管過了多少年，都不會主動靠近飼主。所以請各位別焦急氣餒，把目光放長遠一點，一步步縮短與愛兔的距離吧。

如果家裡的孩子是愈接近就愈容易逃跑的類型，可能是天生就不喜歡和飼主黏在一起，所以可以先暫時不管牠一陣子，或許愛兔就會若無其事地跑來身邊了。

有時則是飼主平常與愛兔相處的時間本來就不長，所以無論兔子來家裡多久，都會對飼主的接觸感到害怕。假若兔子很親近太太，卻不怎麼親近先生，這時候便可以讓先生負責餵飯等工作，增加機會討好兔子吧。

遺憾的是，兔子和人類一樣，也是會有「我天生就跟這個人磁場不合」的情況。其中，兔子不喜歡嗓門大，或是喜歡突然出手觸摸的人。所以不妨試著回想，自己是否有頻繁做出惹惱愛兔的舉動呢？除此之外，對兔子的態度忽冷忽熱，也會加強兔子的不信任感，所以請各位試著當一個讓兔子願意信賴，覺得「待在這個人的身旁，感覺非常安全！」的飼主吧。

有時我們想法也會受環境變化影響

通常都只是暫時現象 請靜待愛兔冷靜下來

平常明明和我很親近，態度卻突然變得很冷漠固執，甚至出現攻擊性……。這時請仔細回想兔子身處的環境是否出現變化。

例如更動空間的配置，或是搬家等等，這些會使兔子不再熟悉自在的環境變化，都會對牠們造成心理壓力。所以這時候請擺設沾有愛兔氣味的物品，多少能夠幫助自家孩子緩解內心的不安。

除此之外，兔子對家庭成員的變動（像是獨立搬出成家、結婚、離婚、迎來新生兒等），以及家中來了新兔子等周遭狀況的變化，同樣很敏感。所以當愛兔態度出現變化時，可能是短時間封閉心靈，或是懷疑飼主被搶走而吃醋，才會產生攻擊性。但是兔子是適應力很強的動物，遲早會習慣環境的改變。所以請飼主好好接納牠們一時混亂的情緒，表現出「我還是一樣珍惜你」的態度，應該就能夠恢復過往的關係了。

有時兔子會因為遭遇到某件可怕的變故，一時之間對飼主產生抗拒的心理，有時則是因為發情而造成暫時的攻擊性。這時就請不要過於頻繁地接觸愛兔，從旁守候，並靜待愛兔冷靜下來吧。

兔子的抗壓性很弱嗎？

抗壓性會依個性與應對方式而異

造成壓力的因素很多更要花費心思打造無壓環境

讓兔子產生壓力的因素五花八門，包括環境變化、待在外出籠裡移動前往他處、忽冷忽熱或急遽的氣溫變化、不衛生的環境、噪音、討厭的氣味、換毛、發情期、周遭環境變化、飼主的對待方式等等。其中有些因素只是飼主努力就能夠避免，有些卻是束手無策。另外也包括像是擁抱與剪指甲這些雖然也會造成愛兔壓力，卻仍然不得不做的例行照護。

那麼，我們究竟該怎麼辦才好呢？最好的辦法，就是配合愛兔的性格，打造出不容易產生壓力的生活。例如，讓愛兔從小習慣擁抱與外出籠，就能夠減輕這些行為帶來的壓力。飼主態度激動時，也會對愛兔造成心理上的壓力，所以與自家孩子相處的時候，要記得盡量保持溫和沉穩的態度。其他像是剪完指甲後，餵點零食獎勵，也有助於緩解牠們的壓力。

兔子壓力大時，會做出替代行為（參照67頁），像是洗臉或挖地板等。所以當飼主發現愛兔常做出替代行為時，就請仔細觀察愛兔，找找看是否有造成壓力的因素，並努力排除掉吧。

很討厭剪指甲吧，對不起喔……
壓力大
我來擦乾淨，別擔心
你這孩子又尿在外面了！
一下子就結束了喔～
我知道了！
壓力小
壓力無
壓力大

什麼樣的生活
對兔子來說最幸福？

沒有任何變化的
和平生活是最幸福的

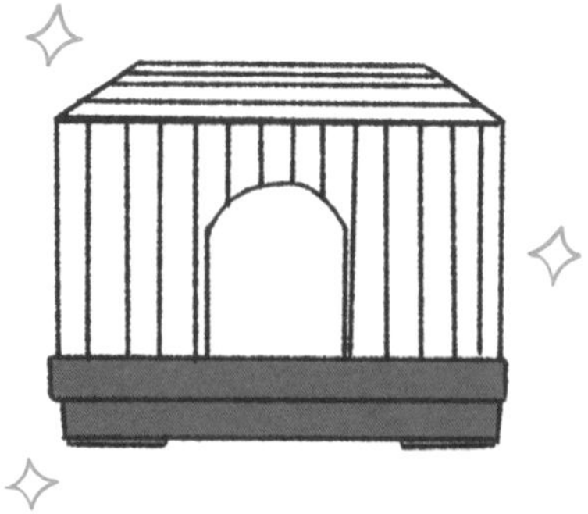

沒有變化的日子就是最安心的生活！

野外的野兔，每天都全心全意地努力為生存而活，覓食、躲避天敵，或是在群體之間維護自己的地位，隨時都處於緊繃狀態。相較之下，寵物兔不必擔心天敵、有安心的避風港，也不必挨餓，比野兔幸福多了。

如果又和飼主相處良好的話，那就更沒話說了！所以兔子並不貪心，不必擔心牠們在毫無變化的生活中會覺得無聊。

倒不如說，牠們更討厭生活中日常的寧靜遭到破壞。飼主為愛兔著想，更動籠子的格局、飲食的內容，或是帶愛兔出門、介紹給其他兔子朋友等，其實都會讓牠們備感壓力。此外，兔子隨時隨地都在觀察著周遭狀況，如果家中經常發生爭吵的話，也可能令牠們焦慮到身體變差。

只要飼主能夠隨時保持平穩的情緒，表現出幸福的模樣，愛兔就會有安全感。「今天也這麼平靜，好幸福喔。」各位只要對和平心存感謝，和愛兔一起度過不變的每一天即可。

兔子有個同伴會比較好嗎？

我們獨處也不覺得寂寞喔

增加兔子成員可能反造成愛兔的壓力

各位迷上兔子的魅力後，可能會心想：「如果能養兩隻可愛的兔子，應該會過得更開心吧？」或是擔心：「只有一隻會不會寂寞呢？」相信有飼主基於這些念頭，開始考慮是否迎接新兔子吧。

可是，兔子是獨處也不覺得寂寞的動物。有時當然也會和其他兔子變好朋友，但是個性不合的話，兩隻兔子可能會打得很兇。除此之外，兔子群體間還有階級關係，多兔家庭中居於下位的兔子，生活中可能會無形累積更多的壓力。

儘管如此，如果各位還是遇見

了命中注定的第二隻兔子，就請另外準備獨立的籠子迎接牠吧。和愛兔們玩耍時，看是要準備各自獨立的空間，還是要輪流出籠子散步都可以。但是無論是照顧還是散步的順序，都必須以第一隻兔子為優先才行。

如果兩隻兔子沒有隔著籠子互相威嚇的話，相處幾天後就可以試著讓牠們接觸看看。一開始先在第一隻兔子的地盤之外的地點見面，一旦發現兩隻個性不合，無論如何都處不來的話，光是見面都會對雙方產生很大的壓力，這時就要做好相應的措施，例如將兩隻兔子的籠子隔遠一點。

我們家的孩子太可愛了，想讓牠生小孩！

無論相親或生產都要慎重以對

每次生產
會生1～10個寶寶。

兔子一年四季都能繁殖！務必做好家庭計畫

兔子的繁殖能力很強，只要雌雄兩只兔子在一起就會不斷生小寶寶。「我想看很可愛的兔寶寶♥」有時飼主只是抱著輕鬆隨意的心態讓愛兔繁殖，之後卻很有可能面臨許多超乎預料的麻煩，例如生產意外使母兔身亡等不幸。既然要讓愛兔繁殖，就必須對生下的兔寶寶負起全部責任，所以在繁殖之前，請務必先擬定好計畫，確認飼養的空間，以及養在自家時會增加多少支出等。

母兔適合生產的年齡為一～三歲，適產季節為春秋兩季，並且注意應避免在第一次發情時就懷孕，務必要等兔子的生理狀況都發展成熟後，再開始安排繁殖。在為自家兔子相親時，先讓雙方隔著籠子相處看看，感覺不錯的話，再將雄兔放進雌兔的籠子裡，或是兩隻一起放進圍欄裡。最後，當兩隻兔子順利完成交配後，也應該讓牠們分開生活。

兔子的懷孕期間為一個月，接近預產期時，就要開始為愛兔準備巢箱，當作生小孩用的產室。母兔產後一段時間脾氣會比較暴躁，所以飼主不應過度窺看，讓愛兔母子安靜待著，等小寶寶離乳後再挪到各自獨立的籠子裡。

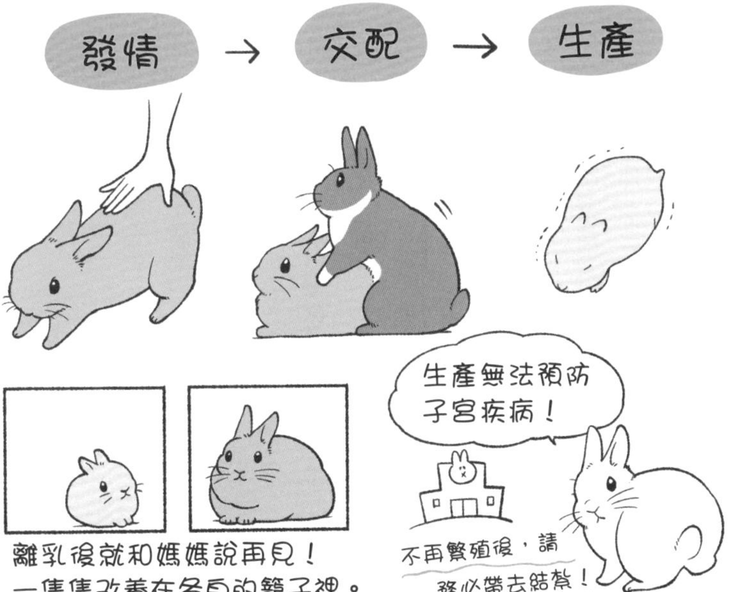
發情 → 交配 → 生產
生產無法預防子宮疾病！
不再繁殖後，請務必帶去結紮！
離乳後就和媽媽說再見！
一隻隻改養在各自的籠子裡。

請先學會撫摸我的正確方法

希望我家孩子可以喜歡上肌膚相親！

了解兔子的喜好朝摸摸大師之路前進！

為了讓愛兔享受飼主的照顧與健康檢查，請努力讓愛兔喜歡自己的雙手——這個目標，就透過每天親手撫摸來達成吧！

兔子最喜歡被撫摸的部位，分別是鼻上至額頭、頭頂這一塊。剛開始先用手背溫柔撫摸這一條線，等愛兔習慣後，再改成以手掌用力一點撫摸，這時候愛兔應該就會露出陶醉的表情，彷彿在說：「好舒服喔～」這時就再順勢撫摸背部吧。另外，也可以用往上的手勢，撫摸鼻側至臉頰間這一塊；耳根與頸部改用按摩般的揉捏法時，應該

想和愛兔相處融洽的話……

●讓愛兔慢慢習慣
↓慢慢地
↓
●多和愛兔說話
我回來了
這是飯飯喔～！
是飯耶！
●愛兔想獨處時就靜靜地不打擾
今天想獨自待著呢……

就能讓愛兔感到很開心。如果發現愛兔耳朵冰冰涼涼的，就請以指尖輕輕夾住，溫柔地摩擦吧。

雖然兔子討厭四肢與肚子被撫摸，但飼主仍然可以先輕輕握住腳尖，或是用手掌覆在肚皮上輕揉按摩，讓愛兔一點一滴習慣被摸的感覺吧。

有些兔子看見母兔被摸，也會主動靠過來討摸。相反地，有些孩子因為性格使然，無論多麼努力都很害怕撫摸，這時就請不要強行接近兔子，等對方主動靠近時，再稍微給予輕撫即可。順帶一提，有些兔子上了年紀後，反而會變得相當親人喔。

抱抱對我們來說有點可怕

兔子討厭擁抱！原則是必要時刻＋短時間

等到愛兔習慣飼主的撫摸後，終於可以開始挑戰擁抱了！但是很遺憾地，基本上所有兔子都討厭擁抱。雙腳離地、身體懸在半空中的狀態，很容易讓牠們聯想到遭天敵捕食的恐懼，所以兔子的天性就害怕擁抱。

當然偶爾也會出現喜歡被抱的特殊例子，但還是請各位務必先理解，在一般情況下，擁抱並非日常相處的一種方式，應該只在健康檢查、進出籠子等這些時候才進行。想讓愛兔習慣擁抱，就請先讓愛兔待在自己的大腿上，等牠熟悉後再

大腿抱法
先從這裡開始。
一般抱法
掙扎也不能隨便放手！
放下時要讓四肢先著地！
仰躺抱法

嘗試基本的抱法。基本抱法如下：

①單手穿過愛兔的腋下，另一手托住愛兔的臀部。

②托住臀部往上抱。

③迅速抱到胸口與自己相貼，看是要讓愛兔的腹部輕輕貼住自己的腹部，或是讓愛兔的臉貼著自己的腋下。

接著介紹健康檢查時的仰躺抱法，這種姿勢對檢查來說很重要，方便確認臀部周遭是否有髒汙、生殖器與乳腺是否出現腫塊。這時可以先採用「一般抱法」，再慢慢地放倒，使愛兔仰躺在自己大腿上。如果實際操作依然覺得執行上有些困難時，就請尋求醫師協助，從旁指導一下吧。

想和兔子玩！

請多嘗試能刺激我們本能的遊戲

依愛兔喜好針對遊戲內容發揮巧思

對兔子來說，玩遊戲有助於改善運動量不足的問題並消除壓力，所以請飼主按照兔子的習性與愛兔的個性，找到能夠一起開心玩遊戲的方法吧。

◆適合啃咬或搭配零食

兔子很喜歡啃咬，所以請準備能夠讓牠們盡情啃咬的材質吧。首先選擇可以安全啃咬的木質或麥草材質的玩具；如果是愛吃的孩子，就選擇裡面添加少許牧草的玩具，讓愛兔能夠邊吃邊玩。另外也可以將點心藏在牧草堆中，讓愛兔玩玩尋寶遊戲。

◆**可以用頭頂或叼著**

能夠讓兔子用頭頂起、叼住，或是踩在上面的球類也很適合。市面上也有販售轉動時會發出聲音的類型，或是適合啃咬的麥草球。

◆**滿足挖掘、鑽洞與躲藏本能**

野兔會在土壤下挖出隧道作為巢穴，所以市面上售有充滿野外氛圍的兔屋或隧道玩具。飼主也可以發揮巧思，用紙箱組成迷宮，或是在箱子裡擺設軟墊、木屑等，打造出讓愛兔享受挖掘的專用屋。

喜歡奔跑的孩子
就準備能盡情奔跑的
寬敞空間吧！

很多孩子都喜歡挖棉被
但是在這裡灑尿的
機率也很高

有些孩子對玩具
一點興趣也
沒有……

我想帶兔子一起出外散步！
但我只想盡量待在家裡

不要勉強「遛兔」出門時也要注意兔身安全

相信很多飼主內心都十分憧憬「遛兔」，想帶愛兔去公園或綠地等戶外散散步吧？確實，在草原上奔跑、盡情挖土等接近野兔模樣的行為，也是寵物兔的一大魅力。或許有些孩子個性活潑，會很享受外出散步也不一定。

可是，對大部分的兔子來說，戶外環境與熟悉的家裡不同，充滿未知的聲音與氣味，隨時可能會有天敵（犬貓或烏鴉等）出沒，是非常可怕的地方。所以當愛兔本身個性膽小、對環境變化格外敏感，或是健康狀況不佳、處於年幼或高齡階段時，飼主都應該盡量避免帶兔子出門散步。

適合帶出門散步的兔子，只有身體健康、已經習慣待在外出籠離家，且好奇心旺盛的孩子。另外，外出時也要避免冬夏季節，並挑選天氣宜人的好日子；至於散步的場所，也別忘了要慎選地點，像是沒有使用除草劑的草地。剛開始遛兔時，建議可以帶圍欄出門，讓愛兔在圍欄中走走，等愛兔適應之後再為牠穿上胸背帶散步。

因為兔子嚇到時會全力衝刺逃走，所以飼主必須全程握緊牽繩才行。當有狗狗等動物靠近時，也應立刻抱起愛兔，確保與其他動物保持好距離。

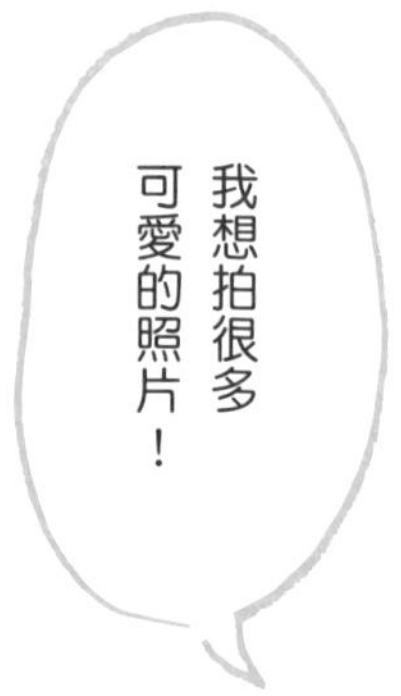
我想拍很多可愛的照片！

從兔子的角度拍照準沒錯喔

很好
很好——
喀嚓喀嚓

針對角度與亮度多下工夫拍出自家孩子最大的魅力

「我都拍不出我家孩子十分之一的可愛！」有些飼主對於拍不出好照片這件事深感悔恨，但是其實只要簡單下點功夫，就能夠將自家孩子拍得更可愛喔。

◆從兔子的視角拍攝

拍攝時，身體請貼近地面，視線與愛兔同高，或是從下往上拍攝愛兔，就能夠拍出豐富的表情了。

◆找到特別可愛的拍攝角度

試著從正面或是斜角等各種角度拍攝，找出最迷人的角度吧。此外，搭配角度拍出眼睛中反射的光線（眼神光），畫面中的表情看起來會更加生動喔！

◆**調整曝光值**

在昏暗的場所就調亮曝光值，在過亮的場所就降低曝光，打造出適當的亮度。此外，拍攝白兔時，將曝光往正值調整；拍攝黑兔時，則往負值調整，拍出的成果也會相當漂亮。

如果愛兔個性活潑，也可以放進籃子裡，試著拍攝各種動態照。等到愛兔習慣面對鏡頭後，就可以在旁邊擺點小物品，接著挑戰背景柔焦等攝影技巧。熟悉如何成功拍出兔子魅力之後，用照片製作出獨一無二的愛兔商品也是一大樂趣。

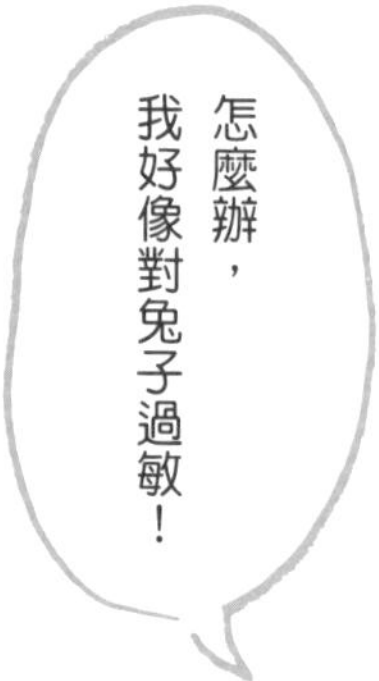
怎麼辦，
我好像對兔子過敏！

請多下工夫，想辦法與我們和平共處

發癢
發癢

與過敏和平相處的同時生活細節也多下點工夫

發現只要和兔子待在同一個空間裡，就不禁眼睛發癢、流淚、流鼻水、打噴嚏、咳個不停，甚至身體發癢、冒出蕁麻疹等等，這些症狀可能代表自己對兔子過敏，有些人甚至是飼養幾年後才突然發作。因此當各位懷疑自己過敏的時候，不妨去醫院檢查一下吧。

如果檢查結果確定是對兔子過敏的話，就必須謹慎思考今後與愛兔的相處方式。有時過敏症狀可能會嚴重到足以致命，讓人不得不替愛兔另覓新家；但有時症狀並不嚴重，這時只要在與愛兔相處時，戴

上口罩與手套就可以了。過敏的症狀非常多元，輕重程度也不一，所以請務必在醫生的建議下，接受適合自己體質的治療，並且在與愛兔的生活上多下點工夫吧。

例如在愛兔的生活空間設置空氣清淨機，平時仔細做好打掃，梳理掉落的廢毛就隨時丟進袋子裡包好，避免落毛在空氣中飛舞，這些都能夠有效改善過敏情形。另外，也有些人並不是對兔子過敏，而是對牧草過敏，所以針對症狀接受檢查時，也別忘了檢查自己是否對提摩西草（禾本科）過敏。

永別了……彩虹橋見
謝謝你愛我
再見~

珍惜相處的每一天 才不會捨不得別離的時刻

兔子的平均壽命大約為七年，因此送愛兔最後一程，將成為飼主非常重要的任務。所以從迎來愛兔的那一天起，各位就要秉持著總有一天會分開的念頭，珍惜彼此相處的每一天，盡全力去照顧、時時刻刻對兔子表現自己的愛，等到別離的那一天到來時才不會後悔萬分。「和你在一起的每一天，都過得很開心，謝謝你。」如此一來，當別離的日子來臨時，只要像這樣好好地送走愛兔即可。

儘管如此，我們仍然需要一段時間沉澱心情，才能夠笑著回憶與愛兔的一切。所以不必強行壓抑自己的悲傷，想哭的時候就盡量哭出來，並且向身邊的人訴說，排解思念之情吧。

最後的送別方式有幾種選項，包括請寵物樂園或是地方政府協助火葬，也可以考慮埋在自家庭園。請各位事前調查清楚，選擇自己能夠接受的方法吧。例如將骨灰葬在寵物墓園，或是與照片一起擺在家中隨時紀念。如果決定埋在自家庭園時，也可以在埋葬處種上花。如此一來，每當花開月圓時，就彷彿見到愛兔一般，更能實際體會「愛兔一直在我心中」的感觸。

兔子日常④

換毛期的哲學

決不大意

撫摸
撫摸
兔子是警戒心非常強的動物。
這樣的兔子，願意在自己面前徹底放鬆，
是多麼幸福的事情啊……
但是，其實一半的身體已經做好逃跑的準備……
多信任我一點啦!!

兔子與寵物

在看電視呢……
牠是否認為自己是人類呢？
或許在牠們眼裡，我們人類才是兔子，
但是我們飼主也自認為是人類，就這一點來說其實與兔子相同，
所以飼主們
其實是兔子的寵物也不一定……

Staff

插畫・漫畫　井口病院
執筆　齊藤万里子
設計　原てるみ、星野愛弓（mill design studio）
DTP　北路社
編集協助　齊藤万里子

Special Thanks

and oliveさん＆olive　Kayoさん＆さくらん
sachi_kajiさん＆タフィー　Satomi.さん＆ピーター
Jさん＆楓、権三郎、華子　はるりんごさん＆るな
Hiromiさん＆もちすけ　PENさん＆とら
まぴんこさん＆ぽにょ、ぽるんぽんぽん、ぽわいてぃ
やまもんさん＆りあん、ヒビキ、るっか

監修

Chanter Animal Clinic院長
寺尾順子

有過愛兔未獲得充分治療的經驗，因此決心成為「兔子醫師」。從埼玉大學畢業後，又回到曾就讀的東京農工大學農學院獸醫學系就讀。畢業後實習3年，以引領自己踏上獸醫之路的愛兔之名「Chanter」，於2003年開設Chanter Animal Clinic。不僅治療兔子的疾病，也致力協助飼主照顧兔子，讓兔子們都能夠健康長壽。

最想讓主人知道的兔兔祕密

出　　版／楓葉社文化事業有限公司
地　　址／新北市板橋區信義路163巷3號10樓
郵政劃撥／19907596 楓書坊文化出版社
網　　址／www.maplebook.com.tw
電　　話／02-2957-6096
傳　　真／02-2957-6435
監　　修／寺尾順子
翻　　譯／黃筱涵
責任編輯／江婉瑄
內文排版／楊亞容
港澳經銷／泛華發行代理有限公司
定　　價／320元
出版日期／2020年9月

國家圖書館出版品預行編目資料

最想讓主人知道的兔兔祕密 / 寺尾順子監修；黃筱涵翻譯. -- 初版. -- 新北市：楓葉社文化, 2020.09　面；　公分
ISBN 978-986-370-228-3（平裝）
1. 兔　2. 寵物飼養
437.374　109009596